改訂新版

これならわかる
図解でやさしい

有光 隆 [著]

入門 材料力学

技術評論社

まえがき

　材料力学は機械工学の分野における基礎的な科目であり，いわゆる教科書と呼ばれる書籍は数多く出版されています．これらの教科書の中には初心者を対象としたわかり易い入門書もありますが，本書は「テンソル」という耳慣れない言葉が登場する趣の異なった入門書です．筆者は前作「図解でわかるはじめての材料力学」を出版した後しばらくして，技術評論社から本書の執筆依頼を受けました．「前作よりやさしく解説した入門書」という企画でしたが，引き受けてみると，この「よりやさしく」がいかに「難しいこと」であるかを痛感させられることになりました．難しい問題でも一旦理解してしまうと，自分がいかに苦労したかという「理解に至るまでの経過」を忘れてしまい，「この程度ならさほど難しくないので，理解してもらえるだろう」と安易に考えてしまいがちです．このようなことがないように気を配りながら，材料力学の考え方として重要と思われるところは省略することなく詳しく説明しました．しかし，本書には私自身理解に至るまでにかなりの時間を費やした記憶のある内容をも含んでいます．

　特に初学者にとって「せん断力」と「曲げモーメント」とが最初にわかり難く感じるところでしょう．これらを理解するためには，「内力」と「外力」との違いを十分把握しなければなりません．

　さらに学習を進めると，材料力学で最も難しい「モールの応力円」と「応力をどのようなイメージでとらえたらよいのか」という壁にぶつかることでしょう．これらは密接に関係していて，「ベクトル」から「テンソル」へと考え方を広げるとき，誰もが感じる難しさなのです．材料力学において重要な物理量である「応力」を「単位面積あたりの力」と理解している人がかなり多いと思います．もちろんこのことは正しいのですが，材料力学を使いこなす技術者にはさらに一歩進んだ理解が必要だと考えます（応力は単位面積あたりの内力です）．

　話が少し飛躍するかもしれませんが，「なぜ，材料力学を学習するときに難しいと感じるのか？」という疑問について，我々が日常使っている「言語」のたとえ話で説明してみましょう．我々は「言葉」を並べた「文章」で自分の考えや感情を相手に伝えたり，論理的な考察をします．

自然科学では「物理量」という「言葉」や「数字」を並べた「式」で自然現象を記述し，これらを通して自然現象を理解しています．たとえば，材料力学では「応力」という物理量で材料の強度を評価して，「この部分が破壊しないように寸法を決めよう」とか「この部分は塑性変形している」などと表現します．この他にも，「ひずみ」，「せん断力」，「曲げモーメント」など，多くの新しい「専門用語」が登場します．このような新しい概念の言葉を自由に使えるまでにはかなりの努力を必要とします．ちょうど，辞書を引いてはじめて目にする英単語の意味がわかっても，その言葉を使って会話をしたり文章を書いたりすることは容易ではありません．

　これと同じく，材料力学においても演習問題に取り組んだり実務に応用したりして，思考を重ねることによって体得できるものです．材料力学で使用される専門用語を完全に理解して思いどおりに使いこなすためには，少々時間がかかるのもやむをえません．筆者自身「応力」の意味を理解するのにかなりの時間を要した経験があります．わかり難いからといって投げ出さずに，気長に材料力学と付き合ってください．

　また，学習に際しては三角関数の知識のみを基礎として解説をすすめましたので，微分・積分に習熟している読者にとっては回りくどいと感じられるかもしれません．しかし，「力学では微分・積分がどのように利用されているか」を再認識する機会であると解釈すれば有意義ではないでしょうか．

　まるで，筆者の「力不足」を読者の「努力」で補ってほしいといった趣旨の「まえがき」になってしまいましたが，材料力学を学習する上での「心構え」と思っていただければ幸いです．

　本書の執筆にあたって，技術評論社の淡野正好氏をはじめ編集部のかたがたには大変お世話になりました．ここに深く感謝いたします．

2002 年 3 月

有光　隆

目次

第3章 はりの曲げ　79

第**9**章 **組み合わせ応力** **203**

目次 （コラム）

応力とひずみ

ポイント

　材料力学は変形する物体を取り扱う力学です．この問題を解く
ためには，「力のつりあい式」と「モーメントのつりあい式」と
を立てることから始めます．また，「外力」と「内力」という言
葉が登場します．これらの違いを理解することが「応力」の理解
へとつながります．

　次に，材料についての知識が必要になります．材料の性質を表
している「応力 - ひずみ線図」と，実際に起こっている現象とを
対応させて理解しておきましょう．

　これから学習を進めていく中で，次に示す基本的な関係式を
しっかり記憶しておきましょう．

・応力 $(\sigma) = \dfrac{内力(N)}{断面積(A)}$，　ひずみ $(\varepsilon) = \dfrac{変位(\lambda)}{もとの長さ(l)}$

・フックの法則：応力 $(\sigma) =$ ヤング率 $(E) \times$ ひずみ (ε)

・許容応力 $(\sigma_a) = \dfrac{基準応力(\sigma_s)}{安全率(f)}$

1.1 力学について

　機械や構造物を設計するときに，「壊れないか」とか「どの程度変形するのか」という事柄が問題になります．これらの問題に解を与えるのが「材料力学」であり，機械設計には欠くことのできない学問です．材料力学という用語は，「材料」と「力学」という言葉の合成語なので，これら2つの分野の知識を必要とします．たとえば，「引張り力 A に耐えられる材料は何か」というような材料に関する知識と，「部材 B にはどれくらいの引張り力が作用しているか」というような力学による解析が必要です．まず，「力学」と「材料」の基本的な事柄について解説していきます．

1.1.1　力とモーメント

　物体に作用する荷重には「力」と「モーメント」があります．**図 1-1**(a)のように，荷物を引張ると荷物は人からの力 F と床から摩擦力 f とを受けます．もし2つの力が等しければ，荷物は動かずにじっとしています．しかし，人から受ける力 F が摩擦力 f より大きければ，荷物は動き出します．力はベクトルなので，図に描くときには矢印で方向と大きさとを示します．力がつりあうときには，2つのベクトルをそれぞれ大きさが等しく逆向きの矢印で表します．

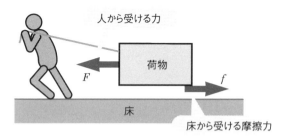

▲図 1-1(a)　力による荷重

次に，図 1-1(b) のように，ボルトをスパナで回す状態を例に**モーメント**について考えましょう．モーメントとは物体を回転させようとする能力のことで，「(力)×(力に直角な腕の長さ)」で表されます．ボルトはスパナから $F \times l$ のモーメントと，めねじの内面との間の摩擦力 f による $f \times \dfrac{d}{2}$（d：ボルトの直径）のモーメントとを受けます．もし，この 2 つのモーメントが等しければ，ボルトは回転しません．スパナから受けるモーメント $F \times l$ が摩擦によるモーメント $f \times \dfrac{d}{2}$ より大きければ，ボルトは回転します．モーメントもベクトルなので，図に描くときは矢印で表すことができます．この矢印は，モーメントにより右ねじが進む方向とモーメントの大きさをもつ二重矢（力のベクトルと区別するために）で表すことにします．

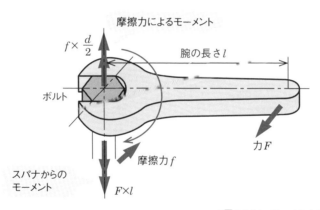

▲図 1-1(b)　モーメントによる荷重

このように，物体が静止している状態を考えるときには，力とモーメントの 2 種類のつりあいを考えなければなりません．力がつりあうと物体は（平行）移動せず，モーメントがつりあうと回転しません．通常，材料力学では力とモーメントがつりあった状態を取り扱います．

力の単位には N（ニュートン）を用います．1〔N〕とは質量 1〔kg〕の物体が 1〔m/s²〕の加速度で運動するように作用する力のことで，地球上では重力加速度が 9.8〔m/s²〕なので，質量 1〔kg〕の物体が地球に引張られる力（重力）は 9.8〔N〕になります．モーメントの単位には Nm（ニュートン・メートル）を用います．

余談ですが，従来，工学の分野では質量 1〔kg〕の重量を 1〔kgf〕と表記していました（1kgf = 9.8N）．現在では国際単位系（Système International d' Unités）の SI 単位が使用されているので，本書では SI 単位で表記してあります．

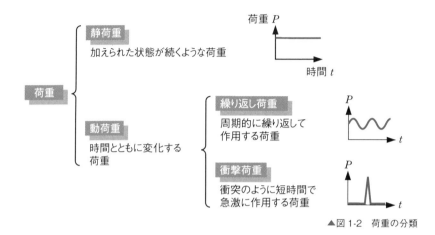

▲図 1-2　荷重の分類

　また，荷重（力）は加える速度により**図 1-2** のように分類できます．

　「力のつりあい」と「モーメントのつりあい」を理解するために，小学校で習う「てこの問題」を力学の問題として考えてみましょう．

例題 1　**図 1-3** のように，重さを無視できる棒 AB の A 端に質量 9kg をつるしています．棒を水平に保つために，B 端につるす質量の大きさ m と，点 C をつるしている糸の張力 T を求めなさい．

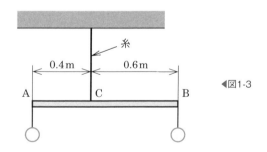

◀図 1-3

方針

❶ 棒に作用している力を全て記入した図を描きます（この図を**自由物体線図**といいます）．

❷自由物体線図を見ながら，力のつりあい式とモーメントのつりあい式を立てます．

❸式を連立させて未知量を求めます．

解

棒 AB に作用している力を全て描くと**図 1-4** のようになります．棒が静止しているので，この自由物体線図を見ながらつりあい式を立てます．

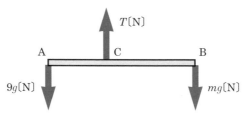

▲図 1-4　自由物体線図

・力のつりあい（上向きの力：T〔N〕，下向きの力：$9g$〔N〕，mg〔N〕）

$$T - 9g - mg = 0 \qquad\qquad \cdots\cdots (1)$$

・点 B 回りのモーメントのつりあい（時計回り：$\underset{\text{CB の長さ}}{0.6 \times T}$〔Nm〕，反時計回り $\underset{\text{AB の長さ}}{1} \times 9g$〔Nm〕）

$$0.6 \times T - 1 \times 9g = 0 \qquad\qquad \cdots\cdots (2)$$

ここで，重力加速度 $g = 9.8$〔m/s²〕とします．式 (2) より糸の張力 T は

$$T = 15g = 147 \text{〔N〕} \qquad\qquad \cdots\cdots (3)$$

となります．式 (1) に (3) を代入すると，点 B につるした質量 m は次のようになります．

$$m = 6 \text{〔kg〕} \qquad\qquad \cdots\cdots (4)$$

1.1.2　内力と外力

「力学」では，単に「力」と呼んでいる事柄についてもう少し深く考えてみる必要があります．たとえば，材料力学のように「材料」の内部に生じる力について論ずる場合には，「外力」と「内力」とを区別しなければなりません．特に，内力は材料内部に生じる力のことで後述する「応力」

へとつながっていきます．ではここで外力と内力の基本を学習していきましょう．

■外から作用する力

物体に引張り荷重が作用している状態を例に考えてみます．**図1-5**(a)のように，着目する物体に外から作用する力P_1，P_2を**外力**と呼びます（本書では➡で表示）．この外力P_1，P_2は必ずしもつりあう（大きさが同じで向きが逆）必要はありません．もし，つりあえば物体は静止し，つりあわなければ動くことになります．

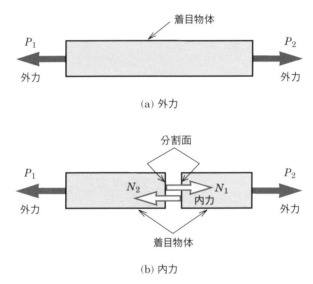

(a) 外力

(b) 内力

▲図1-5　外力と内力

■分割面に作用している力

次に，つりあい状態を例にして物体を2つの要素に分割してみましょう．それぞれの要素の分割面には図1-5(b)のように，力N_1，N_2が作用しています．このように，着目する物体を仮想的に分割してその分割面に作用している力を**内力**と呼びます（本書では⇨で表示）．外力のP_1，P_2は必ずしも大きさが等しく向きが逆になるとは限りませんが，分割面に作用する内力N_1，N_2は作用反作用の関係から必ず互いに逆向きの力で大きさが等しくなります．

つりあいと作用反作用との違い

つりあいと作用反作用とは非常に似ているので，しばしば混乱してしまうおそれがあります．

図1のように，人が床の上の荷物を引張る状態を考えます．このとき荷物に着目すると，人から受ける力 F と床から受ける摩擦力 F' との関係は

❶ F と F' とが同じ大きさなら（外）力は「つりあっている」．

❷ $F > F'$ ならば荷物は動く．

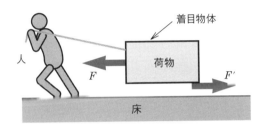

▲図1

次に見方を変えて，人と荷物とに着目する（人＋荷物という一体の物を，人と荷物との要素に分割して考えます）と，作用する力は（図2参照）

F_1：荷物が人に引かれる力

F_2：人が荷物に引かれる力

となります．このとき，F_1 と F_2 とは向きが逆で大きさが常に等しくなります．これを「作用反作用の関係」と呼びます．また，荷物と床とに着目すると，摩擦力 F_1' と F_2' との間には「作用反作用の関係」が成立します．

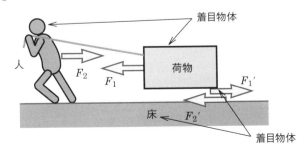

▲図2

つまり，1つの着目物体に作用する力を論ずるとき，「つりあい」かどうかが問題になります．2つの着目物体の間での力のやりとりを論ずるのが「作用反作用の関係」です．このように「何に着目するか」が重要になります．

重力について

図1のように，空中にある質量 m のリンゴを考えましょう．<u>リンゴだけに着目すると重力 mg が作用しています</u>（図1(a)）．このとき重力はリンゴに対して外力であり，この外力がつりあわないので，リンゴは下に向かって運動（落下）することになります．もし<u>リンゴと地球の両方に着目する</u>と，リンゴは地球から重力を受けて，地球はリンゴから重力の反作用を受ける（互いに引力が生じる）ことになります（図1(b)）．このように，着目する2つの物体が接していなくても，作用反作用の関係は成立します．この場合，リンゴと地球とは近づき合うように互いが動くことになります（現実には質量の大きい地球はほとんど動きません）．

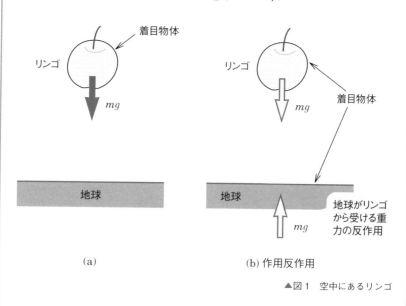

(a)　　　　　　　　(b) 作用反作用

▲図1　空中にあるリンゴ

次に**図2**のように，リンゴが地面に接している状態を2通りに考えてみましょう．まず，<u>リンゴだけに着目</u>すると，重力 mg と地面から受ける力 R がつりあっています（動かない）．したがって，図2(a) の mg と R とは<u>つりあい</u>状態にあります．次に見方を変えて，<u>リンゴと地球に着目</u>してみましょう．2つの着目物体の間では力のやりとりがあるので，図2(b) の R と R' とは<u>作用反作用の関係</u>にあります．同じ力でも少し見方を変えると，基本的な考え方まで変わってしまうのが面白いですね．

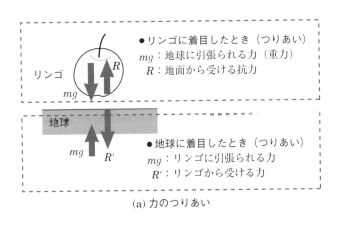

(a) 力のつりあい

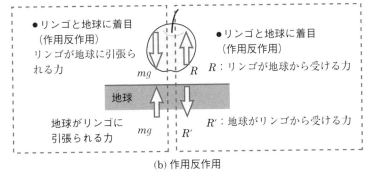

(b) 作用反作用

▲図2　地面に接したリンゴ

材料力学で自重（じじゅう）（そのもの自体の重さ）を考える場合，重力は着目物体に外力として作用します．

　内力を考えるときには，内力の方向と作用している面の両方が重要になります．必ず物体を仮想的に切断して2つの面を作り1つの面が他の面から受ける力を考えましょう（その面が他の面に与える力ではない）．つまり，着目物体を2つ考え，それぞれの間でやりとりする力について考えます．この考え方を切断法といいます．たとえば，図1-5(b)（p.16）のように2つの面で描きます．これを下図のように分割面を離さずに描くとわけがわからないですね．

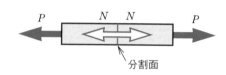

　物体が受ける力を描くとき，「実際は接していても離して描く」のがコツです（たとえば，p.17『つりあいと作用反作用との違い』図1，図2参照）．力学を苦手にしている人の答案を見ると必ずくっつけて描いています．あなたはどうですか？

1.1.3　応力（stress）

　材料力学を学習していると「応力」という言葉によく出合います．たとえば，「この部材には大きな引張り応力が生じている」とか，「この状態は部材の許容せん断応力を超えている」のように，「応力」は材料の強度を評価するのに用いられます．「応力」は強度を議論する材料力学の基本なので，次の章に進む前にしっかり学習しておきましょう．では応力とはなんでしょうか．

　仮想分割面を考えたときに生じる内力の単位面積あたりの値を応力（stress）といい，この単位には $N/m^2 = Pa$（パスカル）を用います．通常は大きな応力値について議論することが多いので，$1 \, [N/mm^2] = 1 \times 10^6 \, [N/m^2] = 1 \, [MPa]$（メガパスカル）を記憶しておくと便利です．

たとえば、材料記号 SS400 の数字は最低引張り強さ 400〔MPa〕のように、応力を MPa 単位で表しています（最初の S：Steel 鋼，2 番目の S：Structural 一般構造用圧延材，数字：最低引張り強さ）。

代表的な補助単位

10^1：da（**デカ**）　　　　10^{-1}：d（**デシ**）

10^2：h（**ヘクト**）　　　10^{-2}：c（**センチ**）

10^3：k（**キロ**）　　　　10^{-3}：m（**ミリ**）

10^6：M（**メガ**）　　　　10^{-6}：μ（**マイクロ**）

10^9：G（**ギガ**）　　　　10^{-9}：n（**ナノ**）

10^{12}：T（**テラ**）　　　　10^{-12}：p（**ピコ**）

　たとえば、長さ 1μm（マイクロメートル）＝ 10^{-6} m、電気容量 1 pF（ピコファラッド）＝ 10^{-12} F（ファラッド），振動数 1 GHz（ギガヘルツ）＝ 10^9 Hz（ヘルツ）のように単位に添えて用います。天気予報でおなじみの気圧 1 hPa（ヘクトパスカル）は 10^2 Pa（パスカル）という意味です。

　応力には垂直応力，せん断応力があり，垂直応力はさらに引張り応力，圧縮応力に分類されます。ではもう少し詳しくみていきましょう。

垂直応力

　図 1-6(a) のように、棒状の物体に外力 P が作用すると仮想切断面に垂直な内力 N が生じます。この内力 N を**軸力**といいます。仮想断面に垂直な力が、物体の軸方向に作用するためにこう呼ばれています。難しい表現ですが、よく覚えておきましょう。軸力 N を断面積 A で割った値を**垂直応力 σ**（シグマ）

$$\text{垂直応力} = \frac{\text{軸力}}{\text{断面積}} \qquad \sigma = \frac{N}{A} \qquad\qquad \cdots\cdots (1.1)$$

といいます。この垂直応力を図 1-6(b) のように、微小要素の面に垂直に作用する矢印で表現して、引張り応力を正とし、圧縮応力を負と定義します。つまり、断面積（単位面積）あたりどれだけの力で引張っているか（あるいは圧縮しているか）を表したものが垂直応力です。

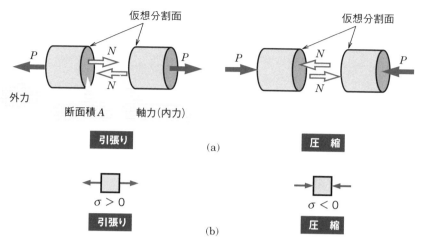

外力

断面積A　　軸力(内力)

引張り

(a)

$\sigma > 0$

引張り

(b)

圧　縮

$\sigma < 0$

圧　縮

▲図1-6　垂直応力

アドバイス　**内力と外力**

　　内力も外力も一見大した違いがないように思われます．力の大きさだけを考えるときには同じように扱えます．しかし，向き（符号）を考えるとき，両者の違いをはっきりさせる必要があります．内力については，作用している力の方向と作用している面の方向とが問題になります．「軸力」と「せん断力」は内力です．大きさだけを問題にするのであれば

$$応力(\sigma) = \frac{内力(N)}{断面積(A)} = \frac{外力(P)}{断面積(A)} \qquad \cdots\cdots (1)$$

となります．軸力については第2章で，せん断力については第3章で詳しく学習します．

せん断応力

　　図1-7(a)のように物体に外力Pが作用すると，仮想分割面には平行な内力Fが生じます．この内力Fをせん断力といいます．せん断力Fを断面積Aで割った値を，せん断応力τ（タウ）

$$せん断応力 = \frac{せん断力}{断面積} \qquad \tau = \frac{F}{A} \qquad \cdots\cdots (1.2)$$

といいます．物体内部に内力がどのように作用しているかを理解しやすくするために，せん断力を図 1-7(b) に示すように，微小要素の面に平行に作用する矢印で表現します．このとき向かい合う面では，互いの矢印は逆向きで同じ大きさとなります．

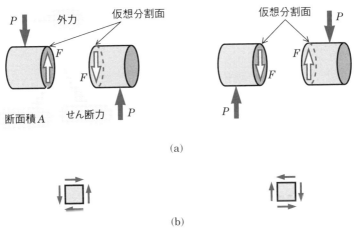

(a)

(b)

▲図 1-7　せん断応力

　では，せん断力によるモーメントについて考えてみましょう．**図 1-8**のように，左右の面に作用するせん断応力 τ_1 により，反時計回りのモーメント M_1 が生じます．このようにせん断応力は微小要素にモーメントを生じさせます．この状態では要素が回転しようとするので，時計回りのモーメント M_2 が生じるように上下の面にせん断応力 τ_2 を作用させます（つまり微小要素がつりあっている状態を考えるわけです）．これらの応力 τ_1 と τ_2 とは大きさが等しいので，共役せん断応力といい，1 対として考えます．したがって，せん断応力は，図 1-7(b) のように 4 つの面に作用しています（垂直応力は図 1-6(b) のように 2 つの面に作用しています）．

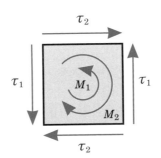

▲図 1-8　共役せん断応力

アドバイス **応力はベクトルにあらず**

　力はベクトルなので，図で描くときは**図1**のように矢印で描き
ます．応力はテンソル（ベクトルではない）なので，矢印だけで
は描くことができません．**図2**のように，内力が作用する面（□）
と内力の方向（→）で表します．また**図3**のように，仮想断面で
考えるときは必ず2つの面に逆向きの内力が存在するので，2つ
の矢印が必要です．**図4**のような図は意味を持ちません．はじめ
て材料力学を勉強すると，「応力」という言葉の中の「力」と記
号の「矢印」に目がいってしまい，力（ベクトル）と同じような
イメージを持ってしまいます．応力を力のようなイメージで理解
すると後で混乱します．詳しくは第9章を参照してください．

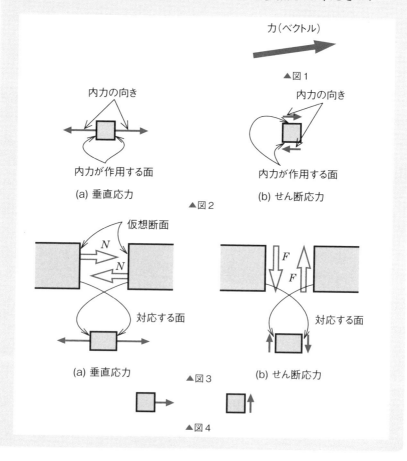

力（ベクトル）

▲図1

内力の向き

内力が作用する面

(a) 垂直応力

内力の向き

内力が作用する面

(b) せん断応力

▲図2

仮想断面

N

N

対応する面

(a) 垂直応力

F

F

対応する面

(b) せん断応力

▲図3

▲図4

例題 2 図 1-9 のように，直径 10mm の丸棒に質量 100kg のおもりをつりさげたとき，棒に生じる応力を求めなさい．ただし，棒の重量を無視します．

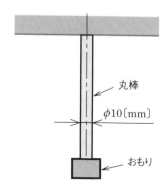

丸棒

ϕ10〔mm〕

おもり

▲図 1-9

方針

応力 $(\sigma) = \dfrac{内力\,(N)}{断面積\,(A)} = \dfrac{外力\,(P)}{断面積\,(A)}$ の関係を用います．

解

丸棒に作用する力 P は（質量）×（重力加速度）なので

$$P = 100 \times 9.8 = 980 \ \text{〔N〕} \qquad\qquad\qquad \cdots\cdots (1)$$

となります．断面積 A は

$$A = \frac{\pi}{4} \times \left(10 \times 10^{-3}\right)^2 = 25\pi \times 10^{-6} \ \text{〔m}^2\text{〕} = 25\,\pi \ \text{〔mm}^2\text{〕} \quad \cdots\cdots (2)$$

となります．したがって，垂直応力（引張り）σ は次のようになります．

$$\sigma = \frac{P}{A} = \frac{980}{25\pi \times 10^{-6}} = 12.48 \times 10^6 \ \text{〔N/m}^2\text{〕} = 12.48 \ \text{〔MPa〕} \cdots\cdots (3)$$

1.1.4 ひずみ（strain）

材料に外力が加わると変形します．鋼のような材料ではこの変形が小さいため，わかりやすいように消しゴムのような変形しやすい物体の側面に四角形を描いて変形させてみましょう．荷重の作用のしかたにより変形の状態を**図 1-10** のように分類できます．

変形の状態

- **引張り**（tension）
- **圧縮**（compression）
- **せん断**（shearing）
- **曲げ**（bending）
- **ねじり**（torsion）

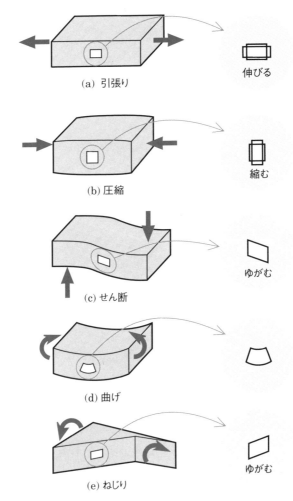

(a) 引張り　　伸びる

(b) 圧縮　　縮む

(c) せん断　　ゆがむ

(d) 曲げ

(e) ねじり　　ゆがむ

▲図 1-10　変形

これらの変形のうち，曲げによる変形を見てみましょう．この変形は，図 1-11 のように小さな要素を拡大して考えると，伸びと縮みとを組み合わせた変形と考えられます．したがって，変形の様子は基本的には伸び縮みとゆがみ（ずれ）で表すことができます．このとき，物体の変形前の寸法に対する変形量の比率を，**ひずみ**（strain）といいます．つまり，

$$ひずみ = \frac{変形量}{もとの長さ}$$

で表される無次元量になります．

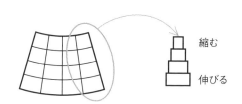

縮む

伸びる

▲図 1-11　曲げ変形

　では，なぜひずみのような比率で変形を考えるのでしょうか．材料力学では，「加えた力」と「それによって引き起こされる変形」との間を関連付けて考えるのです．力に関しては前節で解説した「応力」に置き換えて考えました．これは単位面積あたりの内力なので，同じ大きさの外力が作用しても断面積が大きければ，小さな応力しか生じません．同じようなことが変形についても起こります．たとえば，断面積が同じで長さが違う棒を同じ大きさの外力で引張った場合，長い棒が大きく伸びます．これでは「変形」と「加えた力」を簡単に関連付けできませんね．そこで，変形を単位長さあたりの変形量（ひずみ）として扱うと，長さが変わっても「加える力」と「変形」とを簡単に関連付けられます．この応力とひずみとの関係は 1.2.2 節で学習します．

　このようなひずみの種類は縦ひずみ（垂直ひずみ），横ひずみ，せん断ひずみに分類できます．ではもう少し詳しくみていきましょう．

縦ひずみ（垂直ひずみ）

　図 1-12 のように，材料の軸方向に荷重 P が作用して長さ l の丸棒が l' まで変形したときの変形量を λ（ラムダ）とします．よって変化量は $\lambda = l' - l$ となります．つまり，λ が正の場合は伸びを意味し，負の場合は縮みを意味します．このような変形の場合には，「変形の比率」は「変

形量 λ をもとの長さ l で割った値」で表し, **縦ひずみ (垂直ひずみ)** といいます. したがって, 縦ひずみ ε（イプシロン）は, 次のようになります.

$$\text{縦ひずみ} = \frac{\text{伸び(縮み)}}{\text{もとの長さ}} \qquad \varepsilon = \frac{l'-l}{l} = \frac{\lambda}{l} \qquad \cdots\cdots (1.3)$$

（注）引張りに対応したひずみが正, 圧縮ひずみが負になります.

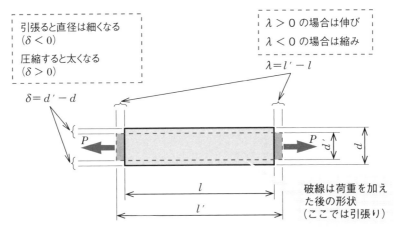

引張ると直径は細くなる（$\delta < 0$）
圧縮すると太くなる（$\delta > 0$）

$\lambda > 0$ の場合は伸び
$\lambda < 0$ の場合は縮み
$\lambda = l' - l$

$\delta = d' - d$

破線は荷重を加えた後の形状（ここでは引張り）

▲図 1-12　縦ひずみと横ひずみ

横ひずみ

　前述の長さの変化と同時に, 次のような直径の変化も生じます. 図 1-12 のように, 荷重 P が作用することによって丸棒の直径が d から d' に変形したときの変形量を δ（デルタ）とします. よって変化量は $\delta = d' - d$ となります. 引張ると直径は細くなり（$\delta < 0$）, 圧縮すると太くなります（$\delta > 0$）. このような変形の場合には「変形の比率」は「変形量 δ をもとの直径 d で割った値」で表し, **横ひずみ**といいます. したがって, 横ひずみ ε' は, 次のようになります.

$$\text{横ひずみ} = \frac{\text{直径の変化量}}{\text{変形前の直径}} \qquad \varepsilon' = \frac{d'-d}{d} = \frac{\delta}{d} \qquad \cdots\cdots (1.4)$$

（注）縦ひずみが負（圧縮変形）の場合は, 横ひずみは正となります.

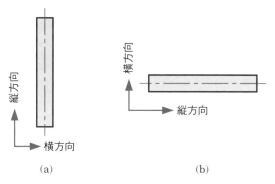

縦方向

横方向

(a)

横方向

縦方向

(b)

▲図 1-13　縦と横

　ここで，しばしば混乱するのが「縦」と「横」という言葉です．**図 1-13**
のような棒状の物体において，「長手方向」を「縦方向：longitudinal
direction」，「長手方向と直角方向」を「横方向：lateral direction」と呼
びます．棒の置き方とは関係のない言葉です．材料力学では，棒状の物
体は**図 1-14**のように「長手方向に外力が加わる問題」を扱います．したがっ
て，「縦ひずみ」は「長手方向のひずみ」あるいは「荷重が作用する方向
のひずみ」で，「横ひずみ」は「長手方向と直角方向のひずみ」という意
味になります．旋盤で丸棒を加工するとき，長手方向にバイトを移動さ
せることを「縦送り」，長手方向と直角に移動させることを「横送り」と
いいます．これらも同じ「縦」と「横」の呼び方ですが，加工者から見る
と少し違和感があるかもしれませんね．形状によっては，「縦」「横」を決
めがたいような場合があるでしょうから，その際には誤解が生じないよう
に「垂直ひずみ」と表現したほうが
よいでしょう．

P ←　　→ P

▲図 1-14　材料力学における一般的な問題

せん断ひずみ

　図 1-15のように，高さ l の物体に力 P が作用して λ_s だけゆがんだと
します．このようなせん断荷重によって生じるひずみを**せん断ひずみ**とい
います．せん断ひずみ γ（ガンマ）は，高さ l に対するずれ λ_s の比率で
次のようになります．

$$\text{せん断ひずみ} = \frac{\text{ずれ}}{\text{高さ}} \qquad \gamma = \frac{\lambda_s}{l} \qquad \cdots\cdots (1.5)$$

このとき，せん断ひずみ γ とずれの角度 θ（シータ）との関係は，θ が小さいので，近似的に

$$\gamma = \tan\theta \cong \theta \ \cdots\cdots (1.6)$$

と表せます（図1-15参照）．ここで，角度変化の単位は rad（ラジアン）です．したがって，せん断ひずみは体積変化を起こさないような角度変化と考えることができます．

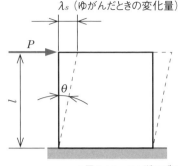

▲図1-15　せん断ひずみ

材料力学の基礎：なるほど雑学

弧度法について

　図1のように半径と弧の長さを共に1としたとき，中心角の大きさを1〔rad〕（ラジアン）と定義します．このように弧の長さで角度を表現する方法を弧度法といい，材料力学以外にも理工学の分野で広く使われています．180°は π〔rad〕，360°は 2π〔rad〕になります（図2(a)，(b) 参照）．

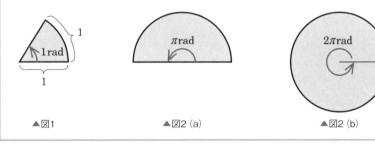

▲図1　　　　　　▲図2 (a)　　　　　　▲図2 (b)

| 例題 3 | 直径30mmの丸棒に圧縮荷重を加えたところ，直径が0.036mmだけ増加した．横ひずみを求めなさい． |

方針

　式(1.4)を用います．

解

　式(1.4)より，横ひずみ ε' は次のようになります．

$$\varepsilon' = \frac{\delta}{d} = \frac{0.036}{30} = 0.0012 = 0.12 \ 〔\%〕$$

1.2 材料について

1.2.1 引張り試験

　金属材料の物理的特性を知っておくことは，設計をする上でとても重要です．ここでは主に金属材料の性質について学習していくことにしましょう．

　材料の特性を測定する試験に**引張り試験**があります．この試験による測定結果を「共通認識のもとで」比較できるように，JIS（日本工業規格）で試験片形状や試験方法が定められています．引張り試験では，棒状あるいは板状の試験片の両端をチャック（試験片をつかむ装置）により固定し軸方向へ引張ります．このときの荷重と試験片の伸びとを測定します．荷重を断面積（試験前の試験片の断面積）で割って応力に変換して，伸びをもとの長さで割ってひずみに換算します．この応力とひずみとをグラフに表示したものが**応力 - ひずみ曲線**（stress-strain curve）と呼ばれています．

　図 1-16 に代表的な材料の応力 - ひずみ曲線を示します．この応力 - ひ

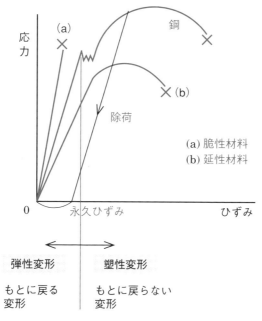

▲図 1-16　応力 - ひずみ曲線

ずみ曲線から材料の特性がわかります．応力 - ひずみ曲線では，まず最初に応力とひずみとがほぼ比例して変化します．この比例関係が成立する領域では，除荷する（荷重を除く）と，もとの状態にもどります．このような「もとにもどる変形」を弾性変形といいます．機械設計は弾性変形領域で行います．さらに変形量が大きくなると除荷しても，もとの状態にもどらずに永久ひずみが残ります．このように，もとの状態にもどらない変形を塑性変形といいます．金属板をプレス成型することによって種々の部材を作るには，この塑性変形を利用しています．

材料は応力 - ひずみ曲線から次の2種類に分類できます．

・脆性材料：鋳鉄（鋳物に使用する鉄）やガラスのように，ほとんど塑性変形せずに破断する材料（脆い材料）．
・延性材料：軟鋼や黄銅のように，大きく塑性変形した後に破断する材料（延性のある材料）．

なお，JIS の説明の中で「測定結果を共通認識のもとで」と書きましたね．多くの材料の規格は日本規格協会から公開されています．設計の際に「JIS ハンドブック」などでデータを調べるなどして利用できます．

1.2.2 応力 - ひずみ曲線

材料に荷重が加わると，応力とひずみが生じます．この応力とひずみの関係を表した図が応力 - ひずみ曲線でしたね．では，応力 - ひずみ曲線から何を読み取ることができるのでしょうか．もうおわかりのように，材料の特性を読み取ることができるのです．

では，延性材料の中でよく用いられる鋼を例にみていきましょう．鋼は図 1-17(a) のように，降伏現象（yielding）と呼ばれる特徴をもった応力 - ひずみ曲線になります．点 B を越えると荷重が減少しても伸びは著しく進み（断面積が減少），ついには点 F で破断してしまいます．図 1-17(a) にある各点の意味は表 1-1 のようになります．確認しておきましょう．

表 1-2 は，溶接構造用遠心力鋳鋼管（たとえば，土木工事の杭に用いられています）の JIS 規格の一部です．表中の降伏点は点 Y_u での応力の値を，また引張り強さは点 B での応力の値を表しています．

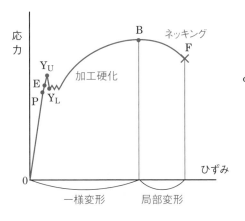

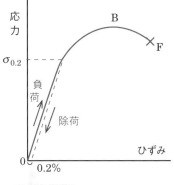

(a) 降伏点をもつ材料（鋼）　　　(b) 降伏点をもたない材料（非鉄金属）

▲図 1-17　鋼と非鉄合金の応力 - ひずみ線図

▼表 1-1　応力 - ひずみ曲線

図中の点	各点の説明
P：比例限度	応力とひずみが比例して変化する上限の応力σ_P
E：弾性限度	応力を除荷しても永久ひずみが残らずもとの状態にもどることができる上限の応力σ_E
Y_U：上降伏点 Y_L：下降伏点	応力が増加しないでひずみが増加し始める直前の応力σ_Y JIS では普通は上降伏点を降伏点としていますが，この上降伏点の値はひずみを加える速度により変わります．「安定した値が得られる下降伏点」を規格値としているものがあります．
B：引張り強さ または極限強さ	破断に至るまでに受ける最大応力σ_B 点Bを過ぎると試験片にネッキング（くびれ）が生じて変形が局所的になります．
F：破断強さ	破断する直前の応力σ_F

▼表 1-2　溶接構造用遠心力鋳鋼管の機械的性質（JIS G 5201 -1991）

記号	降伏点または耐力〔N/mm^2〕	引張強さ〔N/mm^2〕
SCW 410-CF	235 以上	410 以上
SCW 480-CF	275 以上	480 以上
SCW 490-CF	315 以上	490 以上
SCW 520-CF	355 以上	520 以上
SCW 570-CF	430 以上	570 以上

（注）SCW：溶接用鋳鋼，数値 490：最低引張強さ，-CF：遠心力鋳造を表しています．

おさらいをしておきましょう．引張り強さは試験片が耐えた最大応力です．

（最大引張り荷重）÷（もとの断面積）＝（引張り強さ）

です．ここで，表 1-2 にある SCW 570-CF の引張り強さは 570〔N/mm²〕とあります．仮に断面積 1〔cm²〕だとすると，最大引張り荷重は

570〔N/mm²〕× 100〔mm²〕＝ 57 000〔N〕

となります．では断面積を 2〔cm²〕にしたとき，この金属はどれだけの引張り荷重に耐えられるでしょうか．簡単ですね．114〔kN〕の引張り荷重に耐えられるわけです．

さて，鋼の場合はこの応力 - ひずみ曲線に降伏点が現れるので，弾性変形領域を容易に知ることができます．しかし，非鉄金属では降伏点が現れません（図 1-17(b) 参照）．そこで，降伏点の代りに設計の基準応力として耐力（proof stress）を定義します．普通は永久ひずみが 0.2% になるような応力を耐力として $\sigma_{0.2}$ と表し，0.2% 耐力といいます．

材料力学の基礎：なるほど雑学

材料の破壊と地震

断層近くの地盤が変形して断層がすべるときに地震が起こるので，材料の破壊の研究と地震の研究にはかなり共通点があります．たとえば，材料が破壊するまでの過程を圧電素子などのセンサーで調べると，材料内部に損傷を受けるときに音が放出される現象を測定できます．この音の発生をアコースティック・エミッション（AE）といいます．

同じように，地震へつながる大きな地盤変動の前兆現象となる音を観測すると，地震予知が可能になるのです．機械部品は壊れる前に交換すればよいのですが，地震では事前に手を打つことができないのが問題ですね．

1.2.3 疲労試験

材料が繰り返し荷重を受けると，静荷重（加えられた状態を続けるような荷重）により破壊するときよりも，小さな応力により破壊します．これは，材料の内部にある微細なき裂が除々に進展して破壊にいたる現象で，疲労（fatigue）といいます．この材料の疲労特性を調べる試験を疲労試験といいます．

■負荷の繰り返し数 N と応力の上限値 S の関係

試験片に繰り返し荷重をかけ，加える負荷の繰り返し数 N（number of iteration）と，それに耐える応力振幅の上限値 S（stress）の関係を調べます．結果を整理すると，**図 1-18** のような「S-N 曲線」と呼ばれる曲線が得られます．鋼では 10^7 回の繰り返しを続けても破壊しない場合には，いくら繰り返しても破壊しないと考えることができます．このように，ある応力で無限回繰り返しても破壊しなくなる応力を疲労限度といいます．つまり，S-N 曲線が水平になる応力が疲労限度です．繰り返し荷重が作用する場合には，疲労限度を基準応力に選びます．

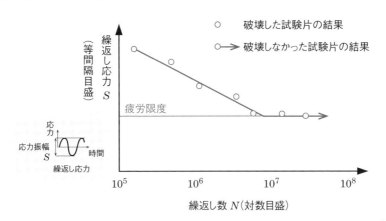

▲図 1-18　S-N 曲線

1.2.4 クリープ試験

あめ（飴）は室温では硬くて変形し難いですが，長い時間，一定の力を加え続けるとしだいに変形が進行していきます．このような現象をクリープ（creep）といい，金属材料でも観察されます．特に，高温になるにつれてクリープが生じやすく，その程度は大きくなります．

温度が $0.4\,T_m$（T_m：融点の絶対温度）以上で「応力が降伏点以下」の条件でクリープ試験をすると，**図 1-19** のような「時間 - クリープ曲線」が得られます．この時間 - クリープ曲線の中で，定常クリープと呼ばれる部分はほぼ直線になります．負荷する応力が大きくなると，この直線の傾きが大きくなり短い時間で破断にいたります．ある温度で，一定時間後に一定のクリープひずみを生じさせるような応力を**クリープ限度**（creep limit）といいます．高温で材料を使用する場合には，クリープ限度を基準応力に選びます．

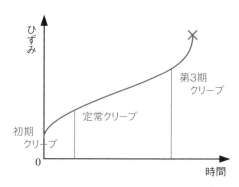

▲図 1-19　時間 - クリープ曲線

クリープ

クリープ（creep）に対応する日本語はありませんが，「忍び寄る」というような意味です．「時間とともに少しずつ変形して，気がついたときには大きく変形している」という状況から名づけられたのでしょう．

高温の状態で使用される機械を設計する際には，「材料のクリープ破断」以外にも，「ボルトやリベットのゆるみ」といったクリープによる変形を考慮しなければならない場合があります．

1.2.5 衝撃試験

　材料に衝撃荷重（衝突などで急激に加わる荷重）を与え，破断にいたるまでに吸収されるエネルギーを測定する試験が衝撃試験です．**図 1-20**のような装置のハンマーを振り下ろすと，切り欠きをつけた試験片を破断させた後，反対側にある程度の高さまで上がります．このハンマーの高さから吸収エネルギーを求めることができるのです．

　たとえば，重量 Mg（g：重力加速度）のハンマーを高さ h から振り下ろし，試験片を破断した後，高さ h' まで上がったとすると，材料に吸収されたエネルギーは $Mg(h - h')$ となります．この吸収エネルギーを試験片の断面積で割った値を**シャルピー衝撃値**〔J/cm²〕といい（エネルギーの単位〔J〕については p.195 参照），材料のねばり強さを表すことができます．延性材料では衝撃値が高く，脆性材料では衝撃値が低くなります．また，材料に衝撃荷重が作用する場合には，安全率（1.4 節参照）を大きくとらなければなりません．

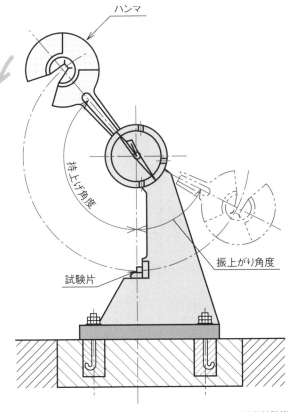

ハンマ

持上げ角度

振上がり角度

試験片

▲図 1-20　シャルピー衝撃試験機

1.3 フックの法則 (Hooke's law)

フックの法則はとても重要な関係式です．しっかり覚えておきましょう．図 1-16 の応力 - ひずみ曲線において，負荷初期には（弾性変形域では），垂直応力（引張り応力あるいは圧縮応力）σ と縦ひずみ ε は比例します．この比例関係をフックの法則といい，

$$\boldsymbol{\sigma = E\varepsilon} \qquad\qquad \cdots\cdots (1.7)$$

と表します．ここで比例定数 E を縦弾性係数，あるいはヤング率(Young's modulus) といいます．弾性係数は材料によって異なった値になる（表 1-3 参照）ので，材料の性質を比較することができます．

ここで問題です．たとえば弾性係数 E が大きい材料と小さい材料では，応力とひずみの関係はどのように違ってくるでしょうか．答えは図 1-21 のようになります．弾性係数が大きい材料の方がひずみ難いということがわかります．応力が同じでも，ひずみが違ってくるのです．

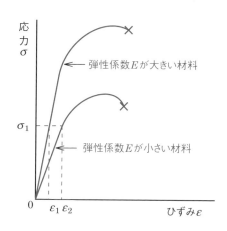

▲図 1-21

同様に，せん断応力 τ とせん断ひずみ γ の間にも比例関係が成立し，

$$\boldsymbol{\tau = G\gamma} \qquad\qquad \cdots\cdots (1.8)$$

となります．ここで比例定数 G をせん断弾性係数または横弾性係数といい，材料によって異なった値になります（表1-3参照）．金属材料では，縦弾性係数 E とせん断弾性係数 G とは大きな値になるので，10^9〔N/m^2〕$= 1$〔GPa〕（ギガパスカル）を単位として用います．

材料力学の基礎：なるほど雑学

ロバート・フックとトーマス・ヤング

　フックの法則における比例係数をヤング率といいますが，イギリスの物理学者の名前に由来しています．ロバート・フック（1635 〜 1703）が力の大きさと変形の大きさが比例することを見出して，トーマス・ヤング（1773 〜 1829）が現在のヤング率に相当する量（ヤング率と断面積との積）を測定しています．この間，約100年かかっています．現在の我々が当たり前だと思っていることや，簡単に測定できると思っていることでも，先人は非常に長い時間をかけて知識を求めてきたのです．

▲トーマス・ヤング

　次は，材料力学の発展に貢献した人たちを紹介した面白い本です．著者ティモシェンコは弾性学で有名です．

▲ロバート・フック

　S.P. ティモシェンコ著，最上武雄監訳，材料力学史，鹿島出版会，1974.

　原著 "History of Strength of Materials" は Dover からペーパーバックス版で出版されています．

材料は軸方向の荷重を受けると，縦ひずみと横ひずみが同時に生じます（1.1.4 参照）．このとき，縦ひずみ ε と横ひずみ ε' の比を**ポアソン比**（Poisson's ratio）といい，ν（ニュー）で表します．その逆数を**ポアソン数**（Poisson's number）といい，m で表します．これらの関係をまとめると

$$\nu = \frac{1}{m} = -\frac{\varepsilon'}{\varepsilon} \qquad \cdots\cdots (1.9)$$

となります．ここでポアソン比の定義式 $\nu = -\dfrac{\varepsilon'}{\varepsilon}$ に負符号があるのは，ε' と ε は互いに異符号になるため ν の値を正にするためです（たとえば，縦方向に伸びると横方向に縮む）．このポアソン比も材料によって決まる材料定数で，大多数の金属材料では $\dfrac{1}{4} \sim \dfrac{1}{3}$ の値になり，比例限度内では一定の値になります．

表1-3 に代表的な材料の弾性係数を示します．

▼表1-3　主な工業材料の弾性係数

材料	E〔GPa〕	G〔GPa〕	ν
軟鋼	206	82	0.28〜0.3
硬鋼	200	78	0.28
鋳鉄	157	61	0.26
銅	123	46	0.34
黄銅	100	37	0.35
チタン	103		
アルミニウム	73	26	0.34
ジュラルミン	72	27	0.34
ガラス	71	29	0.35
コンクリート	20		0.2

縦弾性係数 E，横弾性係数 G，ポアソン比 $\overset{\text{ニュー}}{\nu}$ の間には次の関係があります．

$$E = 2G(1 + \nu) \qquad \cdots\cdots (1.10)$$

式（1.10）中の 2 つの材料定数が決まると，残りは自動的に決まってしまいます．また，ポアソン比 ν は $-1 < \nu < 0.5$（実際上は $0 \leqq \nu < 0.5$）の範囲の値になります．

材料定数を含む関係式

　力学に登場する公式を次のように眺めてみると面白いことに気が付きます.

　力と応力とはつりあいを満たす「力学的な量」です（つりあいと物体の形状とは関係ありません）. 一方, 変位とひずみとは, 隙間ができることのない<u>連続した変形</u>という条件を満たさなければならない「幾何学的な量」です（物体の形状を問題としています）. したがって, これらの2種類の物理量は, 基本的な性質が異なるものと考えられます. たとえば, フックの法則 $\sigma = E\varepsilon$ においては, 性質が異なる応力 σ とひずみ ε とを関係付けています. この関係は材料特有のものであって, 実験により関係式を導く必要があります（材料定数を含む式）. 一方, 力のつりあい式やモーメントのつりあい式は両辺とも同じ性質の量なので, これらの式は材料を換えても変わることのない普遍的な式です（材料定数を含まない式）. 別の言い方をすると, フックの法則は人間が勝手に仮定した式なので, 精密に測ると, たとえば $\sigma = E_1\varepsilon + E_2\varepsilon^2$ かもしれません. しかし, つりあいの式のような普遍的な関係式は測定精度と無関係です. このように「式中に材料定数（材料によって値が変わる定数）を含む式」は「実験結果を整理するために仮定した式」という意味になります（場合によっては適用を疑ってみる必要があります）.

　このようにみると, 力学で習う $F = \mu N$（F：摩擦力, μ：摩擦係数, N：垂直抗力）は普遍的な公式ではないことがわかります. 下図のように, F と N は方向が異なる力なので, 本来は「意味が異なる物理量の関係を示す実験式」ということになります. さて, あなたは運動方程式 $f = m\alpha$ についてどのように思いますか？

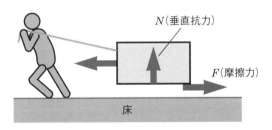

$\boxed{\textbf{例題 4}}$ 断面積 50mm², 長さ 2m の軟鋼製の丸棒に, 質量 600kg のおもりをつりさげた. このとき, 棒の伸び, 断面積の減少率を求めなさい. ただし, 丸棒の重量を無視し, ポアソン比は 0.3 とします.

方針

❶ ひずみの定義式 (1.3) とフックの法則 (1.7) から伸びを求めます. ヤング率は表 1-3 で調べます.

❷ 縦ひずみとポアソン比から横ひずみを求め, この横ひずみから丸棒の断面積の変化を求めます.

解

棒に加わる荷重：$600 \times 9.8 = 5\ 880$ 〔N〕, 断面積：50 〔mm²〕より棒に生じる応力 σ は

$$\sigma = \frac{5\ 880}{50 \times \left(10^{-3}\right)^2} = 117.6 \times 10^6 \ 〔\text{Pa}〕 = 117.6 \ 〔\text{MPa}〕 \qquad \cdots\cdots (1)$$

となります. 縦ひずみ ε は式 (1.7) より

$$\varepsilon = \frac{\sigma}{E} = \frac{117.6 \times 10^6}{206 \times 10^9} = 5.71 \times 10^{-4} \qquad \cdots\cdots (2)$$

となります. 式 (1.3) $\varepsilon = \dfrac{\lambda}{l}$ から, 変位（伸び）λ について解くと

$$\lambda = \varepsilon l = 5.71 \times 10^{-4} \times 2 = 1.14 \times 10^{-3} \ 〔\text{m}〕 = 1.14 \ 〔\text{mm}〕 \qquad \cdots\cdots (3)$$

となります. 式 (1.9) と式 (2) より, 横ひずみ ε' は

$$\varepsilon' = -\nu\varepsilon = -0.3 \times 5.71 \times 10^{-4} = -1.71 \times 10^{-4} \qquad \cdots\cdots (4)$$

となります. もとの断面積 A（直径 d）とし, 変形後の断面積 A'（直径を d'）として, $\delta = \varepsilon' d$ の関係を用いれば, 断面積の比 $\dfrac{A'}{A}$ は

$$\frac{A'}{A} = \frac{\dfrac{\pi}{4}d'^2}{\dfrac{\pi}{4}d^2} = \frac{d'^2}{d^2} = \frac{(d+\delta)^2}{d^2} = \frac{d^2(1+\varepsilon')^2}{d^2} \qquad \cdots\cdots (5)$$

$$= (1+\varepsilon')^2 = \left(1 - 1.71 \times 10^{-4}\right)^2 = 0.9997$$

となります. したがって, 変形後の断面積はもとの 99.97 〔%〕の大きさになります.

この例題からわかるように, 材料力学で扱う変形は非常に小さい値です. しかし, この変形を無視することはできません.

1.4 許容応力と安全率

　機械や構造物が安全に使用されるためには，各要素が破壊せずに設計どおりに機能する必要があります．この目的にかなうためには，材料に生じる応力がある安全な値以下でなければなりません．この許しうる最大応力を**許容応力** σ_a といい，この許容応力を決める基準となる応力を**基準応力** σ_s といいます．この基準となる応力は，材料の性質，負荷のかかり方，使用する環境，その他特殊な条件を考慮して設計者が決めるもので，公式はありません．たとえば，基準応力の目安として**表1-4**に示すように選ぶとよいでしょう．

▼表1-4　基準応力の選び方

条件	基準応力σ_s
脆性材料	引張り強度
延性材料	降伏強度，耐力
繰返し荷重を受ける場合	疲労限度
高温での負荷	クリープ限度

　さらに，材料のばらつきや実際とモデルとの違いなど予測できない危険性を考慮して，**安全率** f を設定します．許容応力は，基準応力 σ_s を安全率 f で割った値として定義できます．

$$許容応力 = \frac{基準応力}{安全率} \qquad \sigma_a = \frac{\sigma_s}{f} \qquad \cdots\cdots (1.11)$$

　この安全率 f の値を大きくとると頑丈になり信頼性は高まりますが，重量が大きくなり経済的には高価になります．逆に f の値を1に近づけると軽く安価になりますが，不測の事態を招いた際に破壊する危険が高まります．安全率もまた基準応力と同様に設計者が決定します．したがって，安全率を決定するにあたっては，設計者は荷重の種類（複合応力，繰り返し，衝撃など），材料の性質（延性，脆性など），応力集中（穴，みぞ，切欠きなど），加工精度（表面の仕上程度，表面処理など），使用条件（温度，腐食性など），保守点検方法などあらゆる角度から総合的に決定しなければなりません．

飛行機と材料力学

飛行機の一般構造部分は安全率が 1.5 程度です（部品により異なります）．クレーンの安全率は 8 〜 10 ぐらいなので，飛行機のそれはかなり小さいといえます．飛行機の場合，軽量であることと安全性の両面を要求されるので，設計思想がかなり特異なものとなります．

- 保守点検：航空機の整備は非常に細かくマニュアル化されています．厳しく検査され，定期的に部品を交換しています．

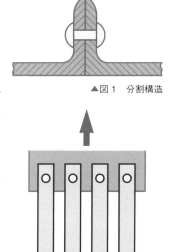

▲図1　分割構造

- フェイルセーフ構造：もし破壊が起こっても，致命的な破壊にいたらずに安全側に壊れるような工夫がされています．たとえば，図1のようにリベットで2個の部品をつないでおき，一方にき裂が生じても，他方へは進行することのない分割構造にしてあります．また図2のように，1つの部品が破断しても他の部品で支えることができる他経路荷重構造にしてあります．

このようにして限界に近い設計でありながら高い安全性を確保しています．

▲図2　他経路荷重構造

例題5 SCW 570-CF（表 1-2 参照）を用いて設計するとき，次の2通りの場合で許容応力はどのように変わるか検討しなさい．

❶ 引張り強さを基準応力として，安全率を5とする場合
❷ 降伏応力を基準応力として，安全率を4とする場合

方針

式 (1.11) を用いて，許容応力を求めます．

解

❶ 表 1-2 より，引張り強さ：570〔MPa〕，したがって許容応力 σ_a は次のようになります．

$$\sigma_a = \frac{\sigma_s}{f} = \frac{570}{5} = 114 \ \text{〔MPa〕}$$

❷ 表 1-2 より，降伏応力：430〔MPa〕，したがって許容応力 σ_a は次のようになります．

$$\sigma_a = \frac{\sigma_s}{f} = \frac{430}{4} = 107.5 \ \text{〔MPa〕}$$

練習問題

1 直径 5mm，長さ 10m の軟鋼の線材で，質量 200kg の物体をつるすとき，線材に生じる応力と線材の伸びを求めなさい．ただし，線材の自重は無視します．

2 アルミニウム合金 A5052 がせん断応力 140MPa で破断するとして，厚さ 1.2mm の板に直径 8mm の穴をポンチで打ち抜くときに必要な力を求めなさい．

3 引張り荷重 20kN が作用する軟鋼の丸棒があります．降伏応力 270MPa，安全率 3 とするとき許容応力と丸棒の直径を求めなさい．

4 例題 2（p.25）の問題において，丸棒を直径 8mm のピンを用いて**図 1** のような構造でつりさげた．ピンにかかる応力を求めなさい．

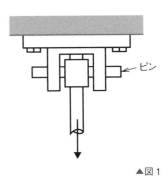

←ピン

▲図 1

5 質量 M，長さ $2L$ の棒の先端に質量 m のおもりを取り付け**図 2** のように天井からつるした．この棒を水平に引張ると，糸が鉛直から α だけ傾い

た状態で静止している。棒に着目して自由物体線図を描き、糸の張力 T、水平方向力 F、棒の傾き θ を求めなさい。

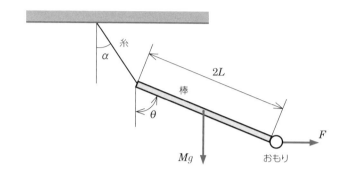

▲図2

6 図3のようなリベット継手において、リベットや板が破壊する応力とリベット1本あたりの外力 F について検討しなさい。ただし、リベットのピッチを p、板厚を t とします。

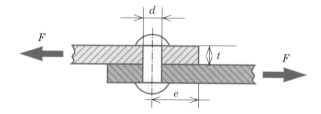

▲図3

引張りと圧縮

　引張りあるいは圧縮荷重 P が断面積 A の物体に作用する場合,応力 σ は

$$応力(\sigma) = \frac{軸力(内力)(N)}{断面積(A)} = \frac{荷重(外力)(P)}{断面積(A)}$$

となります. この式が基本となりますが, この章ではもう少し難しい (不静定) 問題を取り扱います.

　「力のつりあい式だけで解ける問題」を静定問題といいます. 一方,「力のつりあい式だけでは条件が不足して解けない問題」を不静定問題といいます. このような問題は, 変形を考慮した条件式を加えることにより, 解くことができます.

　この章では「引張りと圧縮」に関係して,「熱応力」,「自重の影響を考慮する場合」,「内圧を受ける円筒」,「応力集中」についても学習します. これらについては, 次の事柄が重要です.

- 熱応力について:温度変化による変形を考慮します.
- 自重の影響を考慮する場合:物体を小さく分割して考え,「着目部分より下側がおもりとして影響を与えている」と考えます.
- 円筒に内圧が作用する場合:円筒には, 軸方向と周方向の2種類の引張り応力が生じます. 設計のときには, これら2つの応力のうち, 周方向の応力 (最大フープ応力) だけを検討すればよいことになります.
- 応力集中:かど部には応力集中が生じるため, 丸みをつけて応力集中を避けます.

2.1 軸力，垂直応力，ひずみの計算

図2-1のような段付き棒のA部，C部に荷重が作用する場合を例にとり，軸力（部材内部に生じる軸方向の内力）と垂直応力（引張り応力あるいは圧縮応力）について学習しましょう．

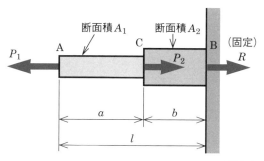

▲図2-1　段付き棒の引張り

2.1.1　軸力の計算

図2-1の段付き棒の軸方向に外力が作用するとき，そこに生じる応力はどのように求めるのでしょうか．

第1章で学習したように，物体は外力（外からの力）を受けるとそれに応じた内力（仮想断面に生じる力）が生じます．まず応力を求める際の手がかりとして，内力を求めます．内力を求めるには，物体を仮想的に分割しました．

■ AC 間を分割して考える

そこで図2-2(a)のように，AC間のx（$0 \leq x \leq a$）の位置で仮想的に分割してみましょう．分割面x^+（外向きの法線ベクトルがx軸の正の方向を向く面）には，右向き（正方向）の内力（軸力）N_1が生じます．図2-2(a)のように，分割した長さxの部分を着目物体とすると，N_1をこの部分に作用する外力として考えることができて，力のつりあい式を立てることができます．つまり

$$N_1 - P_1 = 0 \qquad\qquad \cdots\cdots (2.1)$$

となります．ここで段付き棒全体を着目物体と考えるときには，荷重 P_1 は外力であり，軸力 N_1 は内力である点に注意してください（第1章で着目する物体を変えて考えると，同じ力でも外力になったり，内力になったりしましたね）．分割面 x^+ の向かいの面，つまり分割面 x^-（外向きの法線ベクトルが負の方向を向く面）では，作用反作用により左向き（負方向）に軸力 N_1 が生じています．このように「仮想的に切断して考える」ことは内力を求める手法でした（1.1.2節参照）．

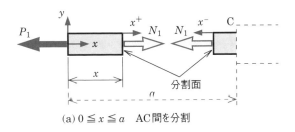

(a) $0 \le x \le a$　AC間を分割

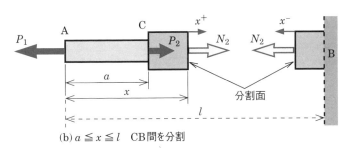

(b) $a \le x \le l$　CB間を分割

▲図2-2　軸力

正の面に作用する正の方向の力を正の軸力，負の面に作用する負の方向の力も正の軸力とします（正の面に作用する負の方向の力を負の軸力，負の面に作用する正の方向の力も負の軸力とします）．このようにすると，正の軸力により引張りの状態を表すことができます．

では圧縮の場合はどうでしょうか．**図 2-3** のように分割面 x^+ には x 軸の負方向の力，分割面 x^- には x 軸の正方向の力が作用しています．つまり，正の軸力は「引張り状態」を引き起こし，負の軸力は「圧縮状態」を引き起こします．このように，軸力は力の方向とその力が作用する面の方向によって符号が決まります．つまり面の方向と作用する力の符号が同

49

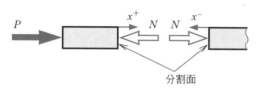

▲図 2-3　圧縮の軸力

▼表 2-1　軸力の符号

面の方向	力の方向	軸力の符号	物体内部の状態
$+$　　x^+　　　$-$　x^-	$+$　　　N　　　$-$　　N	$+$　　　　$+$	引張り
$+$　　x^+　　　$-$　x^-	$-$　　　N　　　$+$　N	$-$　　　　$-$	圧縮

じときには正，異なっているときには負となります．以上をまとめると**表 2-1** のようになります．

　つまり，引張りの状態は右向きの面を右に引張り，左向きの面を左に引張らなければなりません．内力は，単に「右向きの力が正」とか「左向きの力が正」とかいえません．力が作用する面とその方向を同時に考えなければなりません．これに対して外力は，その力の方向だけで符号が決まります．力のつりあい式を立てるときは（着目物体に作用する外力を考えたので），力の符号はこのようにして決めましたね．少し厳密な議論をしすぎるような印象を受けるかもしれませんが，このような考え方に慣れておくと，3 章で「せん断力」を学習するときに大変役立ちます．

■ CB 間を分割して考える

　では，段付き棒の問題にもどりましょう．図 2-2(b) のように CB 間の x（$a \leqq x \leqq l$）の位置で仮想的に分割して，同様の手順により長さ x の部分で力のつりあい式を立てると

$$N_2 - P_1 + P_2 = 0 \qquad\qquad \cdots\cdots (2.2)$$

となります．少しくどいかもしれませんが，つりあい式を立てるときには，力は外力になります．式 (2.2) では，右向きの力 N_2, P_2 が正の力，左向

きの力 P_1 が負の力になります．これらの力は外力なので，力の向きだけ
で符合が決定されていますね．式 (2.2) から得られる $N_2 = P_1 - P_2$ が面
x^+ に作用する力です．見方を変えて，分割面 x^+ と分割面 x^- とに作用して
いる力として考えると，図 2-2(b) のような軸力 N_2 が得られるのです．こ
の部分では P_1，P_2 の大小関係により引張りか圧縮かが決まります（$P_1 >$
P_2 ならば引張り，$P_2 > P_1$ ならば圧縮です）．

　参考までに図 2-1 に示した壁からの反力（外力）R を力のつりあいか
ら求めると次のようになります．

$$R = P_1 - P_2 \qquad\qquad\qquad \cdots\cdots (2.3)$$

アドバイス **反力の向き**

　図 2-1 の問題において，反力（棒が壁から受ける力：壁が棒か
ら受ける力ではない点に注意）の方向は解き終わるまで分からな
いので，最初に方向を仮定します（図 2-1 では右向き）．次に，
仮定した力の方向を見ながら力のつりあい式を立てます．解が正
の値なら反力は最初に仮定した方向になり，負なら反力は逆にな
ります．したがって，**下図**のような左向きの反力 R を仮定するこ
ともできます．この場合の力のつりあい式は

$$P_2 - P_1 - R = 0 \qquad\qquad\qquad \cdots\cdots (1)$$

となり，反力 R は $R = P_2 - P_1$ と得られます．この R の値が正
ならば左向きの反力
を表し，負ならば右
向きの反力を表して
います．したがって，
得られた結果は式
(2.3) と全く同じこと
を意味しています．

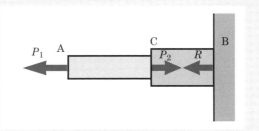

例題 1 　図 2-4 のような段付き棒に，荷重 $P_1 = 1\,000$〔N〕，$P_2 =$
$2\,000$〔N〕が作用している場合，AC 間と CB 間での軸力と，
段付き棒が壁から受ける反力 R を求めなさい．

2

引張りと圧縮

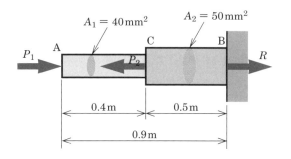

$A_1 = 40\,\text{mm}^2$ $A_2 = 50\,\text{mm}^2$

0.4m 0.5m

0.9m

▲図 2-4

方針

❶ AC 間，CB 間で仮想的に分割し，それぞれの部分に着目してつりあい式を立てます．

❷ 段付き棒全体に着目して力のつりあい式を立てると「棒が壁から受ける反力」が求められます．

解

AC 間では，**図 2-5**(a) を参考にして力のつりあい式を立てると

$1\,000 + N_1 = 0$　つまり

$N_1 = -1\,000\,\text{〔N〕}$　　　　　　　　　　　　　　　　 ····· (1)

となります．したがって，軸力は $-1\,000\,\text{〔N〕}$ で，AC 間は圧縮状態にあります．

CB 間では，図 2-5(b) を参考にして力のつりあい式を立てると

$1\,000 - 2\,000 + N_2 = 0$　つまり　　$N_2 = 1\,000\,\text{〔N〕}$　 ····· (2)

となります．したがって，軸力は $1\,000\,\text{〔N〕}$ で，CB 間は引張り状態にあります．

段付き棒全体に着目して力のつりあい式を立てると

$1\,000 - 2\,000 + R = 0$　つまり　　$R = 1\,000\,\text{〔N〕}$　　 ····· (3)

となります．

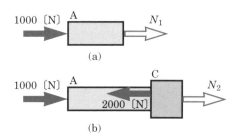

▲図 2-5

1章の式 (1.1) で示したように，垂直応力は $\dfrac{軸力}{断面積}$ です．では，これを利用して図 2-1 に示す段付き棒の AC 間，CB 間での垂直応力を求めてみましょう．AC 間では，断面積 A_1，軸力は N_1（$= P_1$）なので，この間の応力 σ_1 は

$$\sigma_1 = \left(\frac{軸力}{断面積}\right) = \frac{N_1}{A_1} = \frac{P_1}{A_1} = \left(\frac{外力}{断面積}\right) \qquad \cdots (2.4)$$

となります．CB 間では，断面積 A_2，軸力は N_2（$= P_1 - P_2$）なので，この間の応力 σ_2 は

$$\sigma_2 = \left(\frac{軸力}{断面積}\right) = \frac{N_2}{A_2} = \frac{P_1 - P_2}{A_2} \qquad \cdots (2.5)$$

となります．正の軸力により物体の内部に引張り（正の）応力を生じるので，式 (2.5) の P_1，P_2 の大小関係により σ_2 の符号が決まります．

例題 2	例題 1 で考えた図 2-4 のような段付き棒の場合，AC 間と CB 間での応力を求めなさい．

方針

例題 1 で得られた軸力の値と応力は $\dfrac{軸力}{断面積}$ であることより，応力の値が得られます．

解

AC 間での応力 σ_1 は

$$\sigma_1 = \frac{N_1}{A_1} = \frac{-1\,000}{40 \times \left(10^{-3}\right)^2} = -25 \times 10^6 \ [\mathrm{N/m^2}] = -25 \ [\mathrm{MPa}] \cdots (1)$$

となります．ここで負符号は圧縮応力を意味しています．

CB 間では，断面積 A_2，軸力は N_2（$= P_2 - P_1$）なので，この間の応力 σ_2 は

$$\sigma_2 = \frac{N_2}{A_2} = \frac{1\,000}{50 \times \left(10^{-3}\right)^2} = 20 \times 10^6 \ [\mathrm{N/m^2}] = 20 \ [\mathrm{MPa}] \qquad \cdots (2)$$

となります．

伸びを計算するには，ひずみ $=\dfrac{伸び}{もとの長さ}$ の関係から求めることができます．ここではフックの法則を利用して求めてみましょう．$\dfrac{応力}{縦弾性係数}$ からひずみ ε を求め（フックの法則：式 (1.7)），「(ひずみ)×(長さ)」から伸び λ を求めます（式 (1.3)）．図 2-1 の場合には，まず AC 間のひずみ ε_1 と伸び λ_1 を求めます．ε_1 と λ_1 はそれぞれ

$$\varepsilon_1 = \frac{\sigma_1}{E} = \frac{P_1}{A_1 E}, \qquad \lambda_1 = \varepsilon_1 a = \frac{a P_1}{A_1 E} \qquad \cdots\cdots (2.6)$$

（AC 間の長さ／断面積）

となります．ここで E は縦弾性係数を表します．同様にして，CB 間のひずみ ε_2 と伸び λ_2 はそれぞれ

$$\varepsilon_2 = \frac{\sigma_2}{E} = \frac{P_1 - P_2}{A_2 E}, \qquad \lambda_2 = \varepsilon_2 b = \frac{b(P_1 - P_2)}{A_2 E} \qquad \cdots\cdots (2.7)$$

（CB 間の長さ／断面積）

となります．したがって，段付き棒全体の伸びは

$$\lambda_1 + \lambda_2 = \frac{a P_1 A_2 + b(P_1 - P_2) A_1}{A_1 A_2 E} \qquad \cdots\cdots (2.8)$$

となります．式 (2.8) の値が正ならば伸びを，負ならば縮みを意味しています．

例題 3

例題 1 で考えた図 2-4 のような段付き棒の場合，段付き棒の伸びを求めなさい．ただし，段付き棒は軟鋼製とします．

方針

❶ 例題 2 の結果を利用して，AC 間，CB 間の応力から，それぞれの部分のひずみを求めます．

❷ AC 間，CB 間のひずみから，それぞれの部分の伸び（縮み）を求め，これらを合計します．

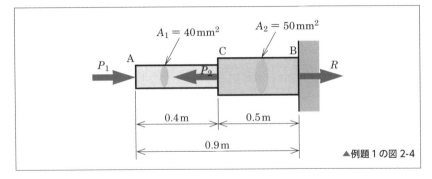

▲例題1の図2-4

解

表1-3 より軟鋼の縦弾性係数 E は 206〔GPa〕になります．AC 間のひずみ ε_1 と伸び λ_1 はそれぞれ

$$\varepsilon_1 = \frac{\sigma_1}{E} = \frac{-25 \times 10^6}{206 \times 10^9} = -1.2136 \times 10^{-4} \quad \cdots\cdots (1)$$

$$\lambda_1 = \varepsilon_1 a = -1.2136 \times 10^{-4} \times 0.4 = -4.85 \times 10^{-5} \,〔\mathrm{m}〕 \quad \cdots\cdots (2)$$

となります．同様にして，CB 間のひずみ ε_2 と伸び λ_2 はそれぞれ

$$\varepsilon_2 = \frac{\sigma_2}{E} = \frac{20 \times 10^6}{206 \times 10^9} = 9.708 \times 10^{-5} \quad \cdots\cdots (3)$$

$$\lambda_2 = \varepsilon_2 b = 9.708 \times 10^{-5} \times 0.5 = 4.85 \times 10^{-5} \,〔\mathrm{m}〕 \quad \cdots\cdots (4)$$

となります．したがって，段付き棒全体の伸びは

$$\lambda_1 + \lambda_2 = -4.85 \times 10^{-5} + 4.85 \times 10^{-5} = 0.0 \,〔\mathrm{m}〕 \quad \cdots\cdots (5)$$

となります．この場合は AC 間が縮んで CB 間が同じ量だけ伸びるため，棒全体の伸び縮みはゼロになります．

アドバイス **伸び λ の式**

フックの法則 $\sigma = E\varepsilon$（式 (1.7)）に $\varepsilon = \dfrac{\lambda}{l}$ と $\sigma = \dfrac{P}{A}$ を代入して（l：もとの長さ，P：荷重，A：断面積），伸び λ について解き直すと

$$\lambda = \frac{Pl}{AE} \quad \cdots\cdots (1)$$

となります（式 (2.6)，(2.7) 参照）．この式は公式ではありませんが，問題を簡単に解くために伸びを求めるときに利用することにします．

2.2 引張りと圧縮の不静定問題

　図2-1の段付き棒は側面の壁（1つの壁）に取り付けられた例でした．では，**図2-6**のように，2つの剛体壁にはさまれた棒に関して問題を解いてみましょう．剛体壁の間に段付き棒ABが無理なく固定され，その間のC部に荷重Pが加わっています．壁からの反力は未知量なので，図2-6のように反力R_1，R_2を仮定して，力のつりあい式を立てると

$$-R_1 + P + R_2 = 0 \qquad\qquad \cdots\cdots (2.9)$$

となります．ここで，反力R_1，R_2の向きはどちら向きに仮定してもよく，仮定した力の方向に従って力のつりあい式が変わりますね（p.51 アドバイス　反力の向き参照）．解いた結果「反力の符号が正となれば，仮定した力と同じ向きが反力の方向」，「反力の符号が負となれば，仮定した力と逆向きが反力の方向」でしたね．

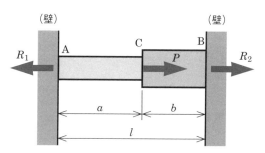

▲図2-6　壁に固定された段付き棒

　この問題では，2つの未知量R_1，R_2に対して関係式は1つのつりあい式(2.9)だけです．したがって，未知量の数が関係式の数よりも多く，このつりあい式だけで2つの未知反力を求めることはできません．このように，つりあい式だけで解くことのできない問題を不静定問題といい，この問題は変形を考慮することによりはじめて解くことができます．一方，つりあいの式だけで解ける問題は静定問題と呼ばれています．

■変形を考える

　では，変形を考えてみましょう．**図2-7**のようにAC間とCB間とに

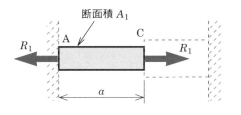

断面積 A_1

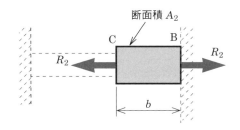

断面積 A_2

▲図 2-7

分割して考え，それぞれの伸びを λ_1，λ_2 とすると

$$\lambda_1 = \frac{aR_1}{A_1 E_1}, \qquad \lambda_2 = \frac{bR_2}{A_2 E} \qquad\qquad \cdots\cdots (2.10)$$

となります（p.55 アドバイス　<u>伸び λ の式</u>参照）．段付き棒は壁に固定されているので，棒全体の伸びはゼロです．したがって

$$\lambda_1 + \lambda_2 = \frac{aR_1}{A_1 E} + \frac{bR_2}{A_2 E} = \frac{aR_1 A_2 + bR_2 A_1}{A_1 A_2 E} = 0 \qquad\qquad \cdots\cdots (2.11)$$

となります．これで関係式が 1 つ増えるので 2 つになり，R_1，R_2 を求める条件は整いました．式 (2.9) と (2.11) とを連立させて未知量 R_1，R_2 について解きなおすと

$$R_1 = \frac{bA_1}{aA_2 + bA_1} P, \qquad R_2 = \frac{-aA_2}{aA_2 + bA_1} P \qquad\qquad \cdots\cdots (2.12)$$

となります．

■ AC 間，CB 間の応力を求める

次に AC 間，CB 間の応力を求めてみましょう．AC 間と CB 間の応力をそれぞれ σ_1 と σ_2 とすると，反力 R_1，R_2 をそれぞれの断面積で割ることにより得られるので

$$\sigma_1 = \frac{R_1}{A_1} = \frac{b}{aA_2 + bA_1} P, \qquad \sigma_2 = \frac{R_2}{A_2} = \frac{-a}{aA_2 + bA_1} P \qquad\qquad \cdots\cdots (2.13)$$

となります．このように，つりあい式だけでは条件が不足して解けない

問題では，変形を考慮することにより条件式の数と未知量の数とを同じにして解きます．この「変形の条件」は問題により異なります．図 2-6 に示された問題では，「棒全体の伸びがゼロ」が「変形の条件」に相当します．では，次の［例題 4］を通して，何が「変形の条件」かを考えてみてください．

例題 4 図 2-8 に示すようなステンレス鋼管と黄銅棒に剛体の板を介して 20kN の荷重を加えたとき，黄銅棒とステンレス鋼管に生じる応力を求めなさい．ただし，黄銅とステンレス鋼の縦弾性係数をそれぞれ 100GPa，193GPa とします．

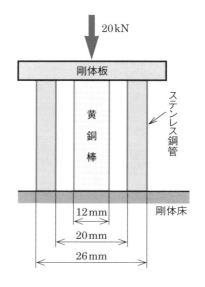

▲図 2-8

方針

❶ つりあいの式を立てます．

❷ 黄銅棒とステンレス鋼管に作用する力が生じるので，未知量の数が関係式の数を上回ります（不静定問題）．

❸ 変形（黄銅棒の縮み量とステンレス鋼管の縮み量が等しい）を考えます．

解

黄銅棒に生じる応力を σ_b，断面積を A_b，ステンレス鋼管に生じる応力を σ_s，断面積 A_s とすると，剛体板が受ける力は**図 2-9**(a) のように描けます．したがって，力のつりあい式は

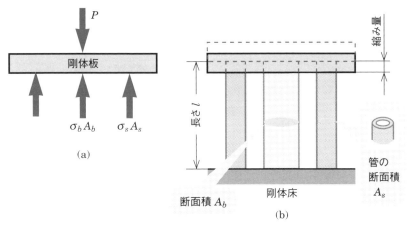

(a)

(b)

▲図 2-9

$$\sigma_b A_b + \sigma_s A_s - P = 0 \qquad \cdots\cdots (1)$$

となります．式(1)以外につりあい式をたてることはできないので，この問題は不静定問題になります．図 2-9(b) を参考に変形を考えると，無負荷状態からの黄銅棒の変形量 $\dfrac{\sigma_b}{E_b} l$（縮み）とステンレス鋼管の変形量 $\dfrac{\sigma_s}{E_s} l$（縮み）とが等しくなります．したがって

$$\frac{\sigma_s}{E_s} l = \frac{\sigma_b}{E_b} l \qquad \cdots\cdots (2)$$

となります．黄銅棒とステンレス鋼管の断面積はそれぞれ

$$A_b = \frac{\left(12 \times 10^{-3}\right)^2}{4} \pi = 36\pi \times 10^{-6} \ \text{〔m}^2\text{〕} \qquad \cdots\cdots (3)$$

$$A_s = \frac{\left(26^2 - 20^2\right) \times \left(10^{-3}\right)^2}{4} \pi = 69\pi \times 10^{-6} \ \text{〔m}^2\text{〕} \qquad \cdots\cdots (4)$$

となります．式(1)と式(2)とを連立させて，σ_b, σ_s について解くと

$$\sigma_b = \frac{P E_b}{A_s E_s + A_b E_b} = \frac{20 \times 10^3 \times 100 \times 10^9}{\left(36\pi \times 100 + 69\pi \times 193\right) \times 10^9 \times 10^{-6}}$$

$$= 37.6 \times 10^6 \ \text{〔Pa〕} = 37.6 \ \text{〔MPa〕} \qquad \text{（圧縮応力）} \qquad \cdots\cdots (5)$$

$$\sigma_s = \frac{P E_s}{A_s E_s + A_b E_b} = \frac{20 \times 10^3 \times 193 \times 10^9}{\left(36\pi \times 100 + 69\pi \times 193\right) \times 10^9 \times 10^{-6}}$$

$$= 72.6 \times 10^6 \ \text{〔Pa〕} = 72.6 \ \text{〔MPa〕} \qquad \text{（圧縮応力）} \qquad \cdots\cdots (6)$$

となります．この問題では圧縮応力が生じることが明らかなので，簡単に解くために圧縮応力の値だけを求めるように解いています．

ネジのゆるみ止め

　ネジは締め付け力を大きくするとゆるみ難いのですが，振動が加わるような状態で使用するとゆるみ易くなります．このようなとき，ネジのゆるみ止めの方法のひとつとして**図1**のようなロックナットがしばしば用いられます．以前は高さの違う上側の締め付けナットAと下側のロックナットBとを使用していました．しかし最近では部品点数を減らすために同じ高さのナット（ダブルナット）を用いることが多くなっています．

　ところでこのような2つのナットの締め方を知っていますか？まず，下側のナットBを締め，次に上側のナットAを締めます．しっかりと締めたナットAをスパナで固定して，Bを別のスパナで少し逆（ゆるめる）方向に回します．このようにして**図2**のようにナットA，B間で接触力（ボルトには張力）が作用するように締めます．このとき接触するネジの斜面に注意してください．この他のゆるみ止めには，**図3**のようなばね座金を用いる方法があります．いずれも，ボルトに生じる張力が減少しないように工夫されています．

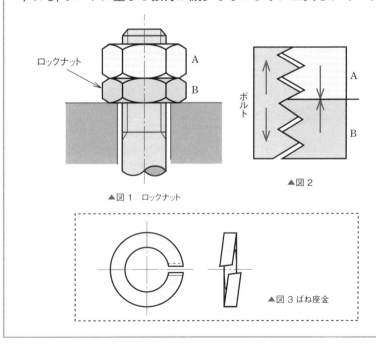

ロックナット

A
B

▲図1　ロックナット

ボルト

A
B

▲図2

▲図3 ばね座金

2.3 熱応力 (thermal stress)

　温度が上昇すると，物体を構成している原子の振動の振幅が増えるために物体は膨張します．逆に冷却すると縮みます．温度が1℃ (= 1K：ケルビン) 変化するときのひずみの変化を線膨張係数と呼びα (アルファ) で表します．たとえば，アルミニウムではα = 23 × 10⁻⁶/K，軟鋼ではα = 11.2 ～ 11.6 × 10⁻⁶/K です．

　温度変化を Δt ($t_1 \rightarrow t_2$ に変化) とすると，棒の伸びλ (ラムダ) は

$$\lambda = l\alpha(t_2 - t_1) = l\alpha\Delta t \qquad \cdots\cdots (2.14)$$

　　t_1：最初の温度，t_2：最後の温度，l：材料のもとの長さ

で表されます．この変形が外部から拘束されると熱応力が生じます．たとえば，両端を固定し，棒の伸びを妨げてしまうと，棒は圧縮された状態になり，圧縮応力が生じます．また逆に固定した状態で冷却すると，縮もうとする棒が引張られるので，引張り応力が生じます．このように，「温度変化による伸び縮みが拘束されることによって生じる応力」が熱応力です．

　表 2-2 は主な工業材料の線膨張係数です．

力学の基礎：なるほど雑学

セルシウス温度 (℃) とケルビン温度 (K)

　セルシウス温度℃は「1atm 下の水の氷点を 0〔℃〕，沸点を 100〔℃〕」と定義され，熱力学温度 K (ケルビン) での 0〔K〕は「セルシウス温度では－273.15〔℃〕」に相当します．これらはともに SI 単位の表記です．JIS では線膨張係数を 1〔℃〕の温度変化で定義していますが，その単位は K⁻¹ (1K⁻¹ = 1/K) と表記しています．この点を正確に書いたため，本文で℃と K とが入り混じった説明になってしまいました．しかし，温度差の 1℃ = 1K なので，あまり気にしなくてもよいでしょう．

▼表2-2　工業材料の線膨張係数

材料	線膨張係数〔×10⁻⁶/K〕	材料	線膨張係数〔×10⁻⁶/K〕
黄銅	18～23	チタン	8.2
ステンレス鋼	17～18	コンクリート	7～13
鋳鉄	10～12	ガラス	9
鋼	10～11	石英ガラス	0.5

　表2-2にあるように，コンクリートと鋼は線膨張係数が近い値になっています．このため両者を組み合わせて用いても，温度変化による伸び縮みが同程度になり，あまり無理が起こりません．したがって，鉄鋼材料はコンクリートを補強するのに適した材料といえます．

例題5　長さ5mの鉄骨部材が温度10℃の状態から30℃に上昇したとき，部材の伸びを求めなさい．もしこの部材の両端を壁で固定すると，どれだけの熱応力が生じるか検討しなさい．ただし，線膨張係数 11.5×10^{-6}/K，縦弾性係数206GPaとします．

方針

❶ 温度変化による伸びは，式(2.14)から得られます．
❷ 壁に固定されると，自由に伸びる分だけ縮められたことになります．

解

　温度変化による部材の伸び λ は式(2.14)より

　　λ ＝部材のもとの長さ×線膨張係数×温度変化

　　　$= 5 \times 11.5 \times 10^{-6} \times (30 - 10) = 1.15 \times 10^{-3}$ 〔m〕 $= 1.15$〔mm〕　‥(1)

となります．次にこの部材が壁で固定される場合を考えてみましょう．このとき部材は λ だけ縮められたことになり（$\lambda = -1.15$〔mm〕：負符号は縮みを表しています），部材に生じる応力 σ は次のようになります（**図2-10**参照）．

$$\sigma = E\varepsilon = E\frac{\lambda}{l} = 206 \times 10^9 \times \frac{-1.15 \times 10^{-3}}{5} = -47.4 \times 10^6 \text{〔Pa〕}$$
$$= -47.4 \text{〔MPa〕} \qquad \cdots (2)$$

つまり，47.4〔MPa〕の圧縮応力が生じたことになります（式(2)の負符号は圧縮の意味です）．

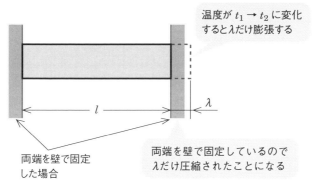

温度が $t_1 \rightarrow t_2$ に変化
するとλだけ膨張する

λ

l

両端を壁で固定
した場合

両端を壁で固定しているので
λだけ圧縮されたことになる

▲図2-10 熱応力

材料力学の基礎：なるほど雑学

電子部品と材料力学

　LSI（大規模集積回路）などの電子部品は，大きな外力が作用しないので設計強度に留意する必要がなく，材料力学とは無縁のような印象を受けます．しかし電子部品には，たとえば**下図**のように，セラミックス基盤の上に金属で配線した箇所があります．

　このように，線膨張係数が大きく異なる材料を接合した個所では，集積度があがると発生する熱応力のために，図中Aのように界面と（自由）表面の交わる点で破壊してしまうことがあります．これは点Aでのせん断応力が理論的には無限大に発散してしまうためです．一般に性質が大きく異なる材料を接合（接着）して使用する場合には，点Aのような箇所ではがれやすくなるので十分検討する必要があります．

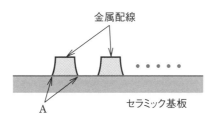

金属配線

・・・・・

セラミック基板

A

2.4 自重の影響を考慮する場合

　通常，材料力学では，<ruby>自重<rt>じじゅう</rt></ruby>（部材自身の重さ）を無視します．しかし，部材が非常に大きい場合，部材は自重により変形したり，設計が不適切だと自重で破壊してしまいます．本節では，自重を考慮する場合の基本的な考え方を学習します．

　図 2-11(a) のように，断面積 A，長さ L，重量 W のロープをつりさげる場合を考えてみましょう．

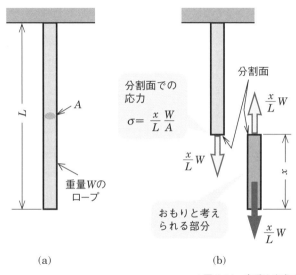

(a)　　　　　　　　　　　(b)

▲図2-11　自重を考慮する場合の応力

■ロープに生じる応力を求める

　まず，応力について考えてみます．下端から x の位置で分割すると，分割面よりも下側をおもりと考えることができます（図 2-11(b) 参照）．このおもりに相当する部分の重量は全体の重量の $\frac{x}{L}$ 倍なので，$\frac{x}{L}W$ となります．したがって，分割面での応力 σ は

$$\sigma = \frac{x}{L}\frac{W}{A} \qquad\qquad \cdots\cdots (2.15)$$

となります．この応力の最大値は，$x = L$ の位置（ロープの上端）で $\dfrac{W}{A}$ となります．簡単に求められますね.

■ロープ全体の伸びを求める

　次に，ロープ全体の伸びを求めてみましょう．この場合，ロープの部分部分によってひずみが異なるので，全体の伸びは簡単に求められません．そこで，**図 2-12**(a) のように，このロープを n 等分して，1 つの分割要素の長さを l，重量を w として考えてみましょう．つまり，次の関係が成り立ちます.

$$l = \frac{L}{n}, \quad w = \frac{W}{n} \quad\quad\quad\quad \cdots\cdots (2.16)$$

　ロープの下端から $r-1$ 番目と r 番目との間で分割すると，下端から $r-1$ 個の要素はそれよりも上にある要素のおもりと考えられます．したがって，下端から $r-1$ 個のおもりによって r 番目の要素が λ_r だけ伸びることになり，要素の位置によって伸びの値が異なってきます．下端での伸びは小さく，上端での伸びは大きくなります．「p.55 アドバイス 伸び λ の式」に示されている $\lambda = \dfrac{Pl}{AE}$（式 (1)）をこの問題に適用すると，各要素の伸びを求めることができます．これらをまとめると，**表 2-3** のようになります.

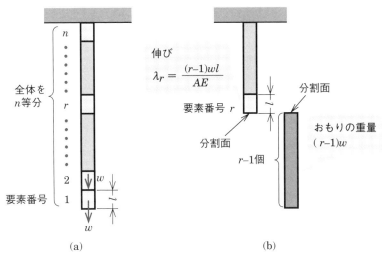

(a)　　　　　　　　　　　　(b)

▲図 2-12　自重を考慮する場合の伸び

要素番号（下端から）	おもりに相当する部分の重量	要素の伸び
1	0	$\lambda_1 = 0$
2	w	$\lambda_2 = \dfrac{wl}{AE}$
3	$2w$	$\lambda_3 = \dfrac{2wl}{AE}$
$\vdots$	$\vdots$	$\vdots$
r	$(r-1)w$	$\lambda_r = \dfrac{(r-1)\,wl}{AE}$
$\vdots$	$\vdots$	$\vdots$
n	$(n-1)w$	$\lambda_n = \dfrac{(n-1)\,wl}{AE}$

　ロープ全体の伸び λ は，それぞれの要素の伸びを加え合わせたものなので，

$$\lambda = \lambda_1 + \lambda_2 + \cdots + \lambda_n$$
$$= \frac{wl}{AE}(0 + 1 + 2 + \cdots + (n-1)) = \frac{wl}{AE}\frac{n(n-1)}{2} \quad \cdots\cdots (2.17)$$

となります．式 (2.16) を用いて要素の重量 w と長さ l を消去すると

$$\lambda = \frac{WL}{2AE}\left(1 - \frac{1}{n}\right) \quad \cdots\cdots (2.18)$$

となります．分割数 n を多くする（$n \to \infty$）と，$\dfrac{1}{n} \to 0$ に近づき，結局

$$\lambda = \frac{WL}{2AE} \quad \cdots\cdots (2.19)$$

を得ます．このように自重を考慮して問題を解くときは，物体を小さな要素に分割して，ある要素の下側の部分がその要素におもりとして作用していると考えます．

自重を考慮する場合の注意点

自重を考慮する場合は，全体を小さな要素に分割して，ひとつの要素について要素の自重を含めて力のつりあいを考えます．そして，この考え方を全ての要素に適用します．積分を利用するときは，長さ dx の要素を考えて，この要素の伸び $d\lambda$ を求めます．全体の伸び λ は $d\lambda$ を全体にわたって積分します．

図 2-11 の問題では，$d\lambda$ は

$$d\lambda = \frac{\sigma}{E} dx = \frac{W}{ALE} x dx \qquad \cdots\cdots (1)$$

となります．全体の伸び λ はこれを積分して

$$\lambda = \int d\lambda = \frac{W}{ALE} \int_0^L x dx = \frac{W}{ALE} \left[\frac{x^2}{2} \right]_0^L = \frac{WL}{2AE} \qquad \cdots\cdots (2)$$

となり，式 (2.19) と一致します．このような「小さな要素に分割して，その要素で成り立つ関係式を全体に広げて考える」という解析手法は，材料力学以外でもよく見受けられます．

材料力学の基礎：なるほど雑学

モノの形（1）

図 1 は煙突と電信柱です．地球上では，重力の影響を考慮して設計する必要があるので，先端が根元に比べて細くなっています．図 1 の 2 つの例は，風や架線の張力および重量などによる曲げを考慮して設計されていますが，結果として自重に対しても適した形といえます．他にも東京タワーのような鉄塔では，根元に太い部材を使って頑丈にしていますね．

図 2 はディプロドクスという中生代に多くいた恐竜の想像図です．体長 24 メートル，体重 78 トンであったと考えられています．

図 3 はクロヤマアリで，体長 5 ～ 6mm のごく一般的に見られるアリです．これら 2 つの生物を同じ大きさで描くと「恐竜は頭が小さく，アリは足が細長い」ことに気がつきます．同じ材料で各寸法を 2 倍して相似形のモデルを作ると，重さ（体積）は 8 倍になりますが，それを支える足の断面積は 4 倍にしかなりません．つまり，

自重を支える断面にはもとの2倍の応力が生じることになります。したがって，寸法の大きなものは頑丈に作る必要があります。このように，生物も力学の法則に従って進化をしているので，大型化すると自重との戦いになります。かくいう私も自重と戦っています。

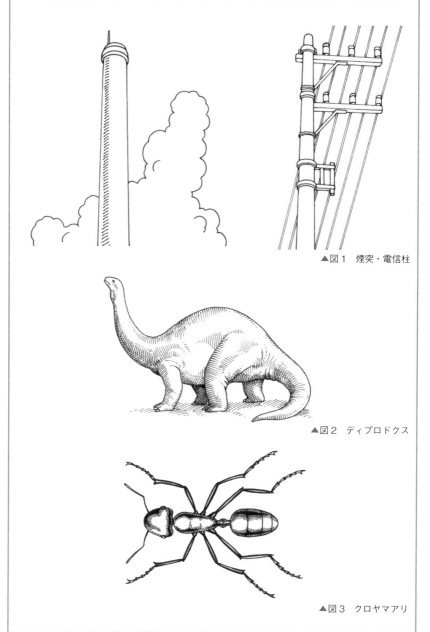

▲図1　煙突・電信柱

▲図2　ディプロドクス

▲図3　クロヤマアリ

2.5 内圧を受ける薄肉円筒

　板厚が，内径の約 12% 以下，あるいは外径の約 10% 以下の円筒を一般に薄肉円筒といいます．このような薄肉円筒は配管設備に多く見受けられ，しばしば内圧が作用します．このとき薄肉円筒には 2 種類の引張り応力が生じます．本節では薄肉円筒に内圧が作用する場合の考え方を学習します．

　図 2-13(a) のような，内径 D，内壁の長さ l，板厚 t の圧力容器に内圧 p が作用している場合，圧力容器の円筒部分に生じる応力を求めてみましょう．円筒は薄肉であるため，内径 D は板厚 t よりもかなり大きく（$D \gg t$）なります．円筒には軸方向（z 軸方向）の引張り応力 σ_z と，周方向の引張り応力 σ_t とが生じます．

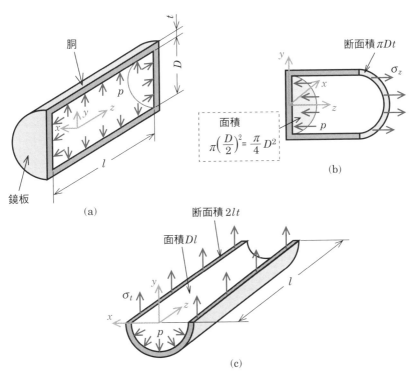

▲図 2-13　内圧を受ける円筒

■軸方向に発生する引張り応力

図 2-13(b) のように，円筒の z 軸方向に作用する力は，鏡板全面に作用する力と等しくなるので「(内圧：p)×(鏡板の面積：$\pi \dfrac{D^2}{4}$)」で得られます．また，この力を受ける断面積は「(円筒の円周：πD)×(円筒の板厚：t)」となります．したがって，軸方向の応力 σ_z は次のようになります．

$$\sigma_z = \frac{p \dfrac{\pi}{4} D^2}{\pi Dt} = \frac{pD}{4t}$$
·····(2.20)

■円周方向に発生する引張り応力

図 2-13(c) のように，円筒を分割しようとする力は「(内圧：p) × (面積：Dl)」です．この力を受ける断面積は「2 × (円筒の長さ l) × (板厚 t)」です．したがって，周方向の応力 σ_t は，

$$\sigma_t = \frac{pDl}{2tl} = \frac{pD}{2t}$$
·····(2.21)

となります．この応力を**フープ応力**といいます．フープ（hoop）とは，たる（樽）などの「たが」（樽や桶をしめる輪）のことで，フープ応力は「たが」に生じる引張り応力に相当します．

フープ応力を理解するために，**図 2-14** のように分割された部材を「たが」でしめた円筒を考えてみましょう．円筒内に内圧をかけると，円筒の上下部分は互いに離れようとしますが，「たが」で一体になるように固定されているので，「たが」には内圧による引張り力が生じます．実際の円筒にはこの「たが」がなく，断面積 $2lt$ で引張り力を支えていることになります．これが周方向の応力（フープ応力）σ_t です．

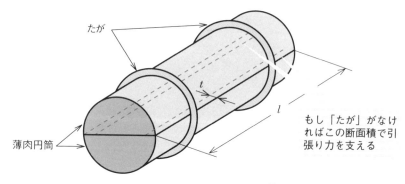

たが

t

l

もし「たが」がなければこの断面積で引張り力を支える

薄肉円筒

▲図 2-14　たがに生じる引張り応力

軸方向応力とフープ応力の大きさ

　式 (2.20) と (2.21) とを比較すると，軸方向応力 σ_z は常にフープ応力 σ_t の半分になっています．したがって，内圧を受ける薄肉円筒の強度や板厚の計算には，フープ応力の式 (2.21) に基づいて検討すればよいことになります．

例題 6　図 2-15 のように，内径 100 mm の円管に圧力 4 MPa が作用しています．許容引張り応力を 25 MPa とするとき，円管の厚みを求めなさい．

方針

❶ フープ応力のみを検討します．

❷ 薄肉円筒と考えて，式 (2.21) から板厚 t を求めます．

❸ 得られた板厚から，薄肉円筒かどうか検討します．

解

　式 (2.21) に $\sigma_t = 25 \times 10^6$，$D = 100 \times 10^{-3}$，$p = 4 \times 10^6$ を代入すると

$$25 \times 10^6 = \frac{(4 \times 10^6) \times (100 \times 10^{-3})}{2t} \quad \cdots\cdots (1)$$

となります．これから板厚 t を解くと

$$t = 8 \times 10^{-3} \, [\text{m}] = 8 \, [\text{mm}] \quad \cdots\cdots (2)$$

となります．板厚は内径の 8% なので，薄肉円筒と考えてよいことになります．

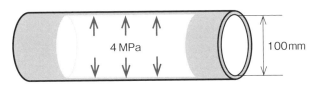

▲図 2-15

2.6 応力集中

　ここまでの説明では，断面が一様だったので応力を $\sigma = \dfrac{N}{A} = \dfrac{P}{A}$ と一定値として取り扱ってきました．しかし，**図 2-16** のように部材に穴や溝がある場合には，軸方向に引張ると応力は一様に分布せずに溝や穴の周囲で局所的に高くなります．このような現象を**応力集中**といいます．また，最大応力 σ_{max} を見かけの平均応力（応力集中を無視した最小断面に対する応力）σ_m で割った値 α（アルファ）を**応力集中係数**といいます．

$$\text{応力集中係数} = \frac{\text{最大応力}}{\text{平均応力}} \qquad \alpha = \frac{\sigma_{max}}{\sigma_m} \qquad \cdots\cdots (2.22)$$

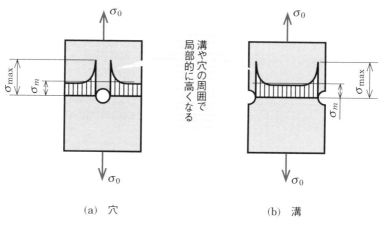

(a) 穴　　　　　　　　　　　(b) 溝

溝や穴の周囲で局部的に高くなる

▲図 2-16　応力集中

■応力集中の検討

　無限に広い板に，長軸の長さ $2a$，短軸の長さ $2b$ の楕円の穴があいている場合を考えてみましょう．この板に，**図 2-17** のように引張り応力 σ_0 が作用すると，図中の点 A，B で最大応力が生じて次のように表されます．

$$\sigma_{max} = \sigma_0 \left(1 + 2\frac{a}{b}\right) = \sigma_0 \left(1 + 2\sqrt{\frac{a}{\rho}}\right) \qquad \cdots\cdots (2.23)$$

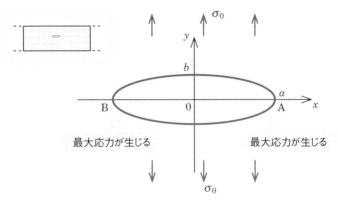

▲図 2-17　楕円孔

　ここで ρ（ロー）は点 A での曲率半径を表しています．楕円孔の形状が扁平になるに従って曲率半径 ρ が小さくなり，式 (2.23) から応力の値が大きくなります．したがって，**図 2-18**(b) の穴のほうが (a) の穴より大きな応力を発生させるのです．また，き裂では，$\rho = 0$ に近く非常に大きな応力集中が生じるため破壊を起こしやすくなります（図 2-18(c) 参照）．この応力集中はしばしば破壊事故の原因になります．したがって，設計にあたっては大きな応力集中が生じないようにできるだけ大きな丸みをつけなければなりません．

　また，式 (2.23) から面白いことがわかります．上述の応力集中の検討は a を一定にして b を小さくする（つまり，横長な楕円孔を上下方向に引張る）状況に対応しています．このとき，式 (2.23) から σ_{max} が非常に大きくなることがわかります．

　では次に，b を一定にして a を小さくしてみましょう．つまり縦長な楕円孔を上下方向に引張ることになります．このとき，式 (2.23) から最大応力 σ_{max} は平均応力 σ_0 に近づき，「応力集中が生じない」との結果を得ます．以上のことをふまえると，p.76『簡単にできる材料力学の実験 (1)』の図 (b)，(c) との違いも納得できるでしょう．

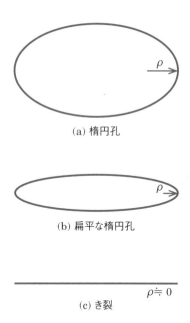

(a) 楕円孔

(b) 扁平な楕円孔

$\rho \fallingdotseq 0$

(c) き裂

楕円孔の形状
が扁平になる
に従って，曲
率半径 ρ が小
さくなり，応
力の値が大き
くなる．

▲図 2-18

曲率と曲率半径

　曲線の曲がり具合を表すのに，しばしば曲率 κ（カッパ）と，曲率半径 ρ を用います．曲線上の 3 点 P，Q，R を選ぶと，この 3 点を通る円はただ 1 つしか描くことができません．**下図**のように，このうち 2 点 P，R を限りなく点 Q に近づけたときに描くことができる円の半径を点 Q における曲線の**曲率半径**といい，曲率半径の逆数を**曲率**といいます．つまり，曲線の一部を円弧で近似したときの円の半径が曲率半径です．

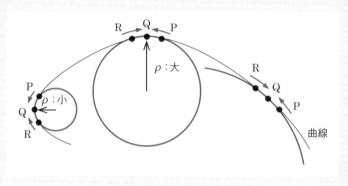

モノの形（2）

　図1はタグボートの窓，図2は飛行機の窓です．かどには丸み（R）がついています．身近なもの全て丸みをつけるのは，応力集中を避けるためです（図3参照）．

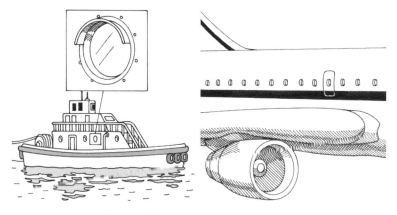

▲図1　タグボートの窓　　　　　　　　▲図2　飛行機の窓

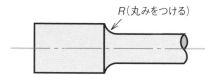

R（丸みをつける）

(a) 応力集中：小

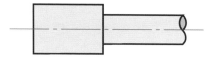

(b) 応力集中：大

▲図3　丸みによる応力集中の軽減

2

引張りと圧縮

実験 **簡単にできる材料力学の実験（1）**

　同じ品質の紙を**下図**のようにして引張り，そのちぎれ方を調べてみましょう．

　図(a)のように，切り込みがないとなかなかちぎれないのに対して，図(b)のような切り込みがあると意外なほど簡単にちぎれます．これは切り込みの先端に応力集中が生じるためです．しかし，図(c)のように引張り方向と平行な切り込みでは，応力集中が生じないため切り込みがない場合と同じようになかなかちぎれません．我々は，無意識のうちに応力集中を利用して紙を破いています．

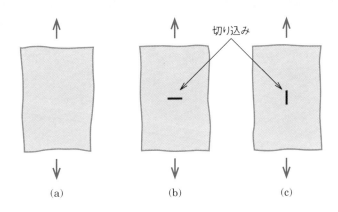

練習問題

1　温度 20℃ のときに，長さ 25m のレールが 1mm のすきまで敷設されました．レールの温度が 40℃ になるとき，レールに生じる応力を求めなさい．ただし，レールの線膨張係数 11.5×10^{-6}/K，縦弾性係数 206GPa とします．また，レールは屈曲しないものとします．

2 温度20℃のときに，**図1**のように ステンレス鋼管の内側に 黄銅棒を入れて両端を剛体板 で固定しています．全体の温 度を120℃にしたとき，ステン レス鋼管と黄銅棒とに生じる応 力を求めなさい．ただし，ステ ンレス鋼の縦弾性係数 $E_s = 193\mathrm{GPa}$，線膨張係数 $\alpha_s = 9.9 \times 10^{-6}/\mathrm{K}$，黄銅の縦 弾性係数 $E_b = 100\mathrm{GPa}$，線 膨張係数 $\alpha_b = 19.9 \times 10^{-6}/\mathrm{K}$ とします．

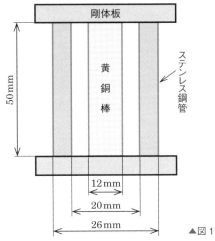

▲図1

3 薄肉の半球（半径 R，板厚 t） 2個を**図2**のように全周を 溶接し，球殻を作成しまし た．この球殻に内圧 p を負 荷したときに溶接面に生じ る垂直応力 σ を求めなさい．

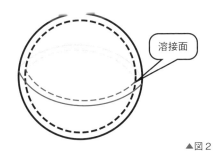

▲図2

4 **図3**のように長さ l_1，l_2，断面積 A_1，A_2 の段付き棒を剛体壁に固定 するとき，以下の問いに答えなさい．

(1)段付き棒が剛体壁の間隔より δ だけ長いものを押し込むとき，取 り付け後に段付き棒の各部に生じる応力を求めなさい．ただし， $\delta \ll l_1, l_2$ とします．

(2)段付き棒を初期応力 がない状態で固定 し，温度を Δt だけ上 昇させました．この とき段付き棒の各部 に生じる応力を求め なさい．ただし，棒の線膨張係数を α とします．

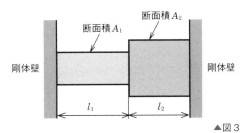

▲図3

5 長さ L, 上底面の直径 D の円錐形の棒が図 4 のようにつりさげられています. 棒を n 等分して考えて, **下表**を参考にして棒全体の伸びを求めなさい. ただし, 棒の比重量を γ, 縦弾性係数を E とします.

▼表 1　要素分割とおもりにより生じる応力

要素番号	おもりに相当する円錐形の底面直径	おもりに相当する円錐形の重量	おもりにより生じる応力
0	0	—	0
1	D_1	$W_1 = \left(\dfrac{\pi}{4}D_1^2\,\dfrac{l}{3}\right)\gamma$	$\sigma_1 = W_1 \Big/ \left(\dfrac{\pi}{4}D_1^2\right)$
2	D_2	$W_2 = \left(\dfrac{\pi}{4}D_2^2\,\dfrac{2l}{3}\right)\gamma$	$\sigma_2 = W_2 \Big/ \left(\dfrac{\pi}{4}D_2^2\right)$
$\vdots$	$\vdots$		
r	D_r	$W_r = \left(\dfrac{\pi}{4}D_r^2\,\dfrac{rl}{3}\right)\gamma$	$\sigma_r = W_r \Big/ \left(\dfrac{\pi}{4}D_r^2\right)$
$\vdots$	$\vdots$		
$n-1$	D_{n-1}	$W_{n-1} = \left(\dfrac{\pi}{4}D_{n-1}^2\,\dfrac{(n-1)l}{3}\right)\gamma$	$\sigma_{n-1} = W_{n-1} \Big/ \left(\dfrac{\pi}{4}D_{n-1}^2\right)$

$l = \dfrac{L}{n}$ を表す.

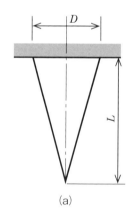

(a)

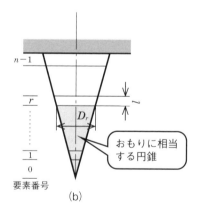

おもりに相当する円錐

要素番号

(b)

▲図 4

第3章

はりの曲げ

ポイント

はりの曲げの解析は次のような手順で行います.

❶「力のつりあい」と「モーメントのつりあい」を連立させて, 未知量の「支点反力」と「固定モーメント」を求めます.

❷ はりを仮想的に分割して, その分割面に作用する力とモーメントについて考えます. 分割面に作用する内力が「せん断力」です. せん断力は荷重のような外力ではない点に注意しましょう. また, 分割面に作用するモーメントが「曲げモーメント」です. 曲げモーメントは, 荷重としてのモーメント荷重ではない点に注意しましょう.

❸ せん断力図 (SFD) と曲げモーメント図 (BMD) を描いて, はりの強度計算に利用します.

3.1 はり

　図3-1のように，荷重により曲げを受けている棒状の細長い部材を**はり**（beam），支点間の距離を**スパン**（span）といいます．このようなはりは，図3-2のような各種の支点により支えられています．

- **移動支点**：ローラーによって支持された状態で，はりは垂直反力を受けます．
- **回転支点**：ピンで接合された状態で，はりは水平反力と垂直反力とを受けます．
- **固定支点**：壁に埋め込まれた状態で，はりは水平反力，垂直反力および固定モーメントを受けます．

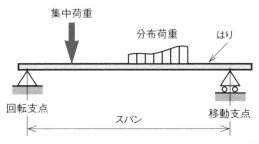

▲図3-1　はりの曲げ

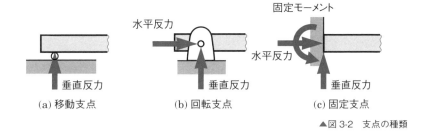

(a) 移動支点　　　(b) 回転支点　　　(c) 固定支点

▲図3-2　支点の種類

3.1.1　はりの種類

　はりの種類には，図3-3(a)のような**静定**はりと，図3-3(b)のような**不静定**はりとがあります．はりに既知の荷重を加えると，荷重に応じて支

点には未知の反力や固定モーメントが生じます．静定はりではこれらの未知量が2個なので，後の節で解説するように，「力のつりあい」と「モーメントのつりあい」の2つの式から未知量を求められます．しかし，不静定はりでは未知量が3個以上あるので，2つの式だけでは条件不足で未知量を求められません．このような不静定はりの未知量は，たわみを考慮することによって求められますが，本書では詳しい解説を避けて，4章で公式化できる部分だけを紹介します．

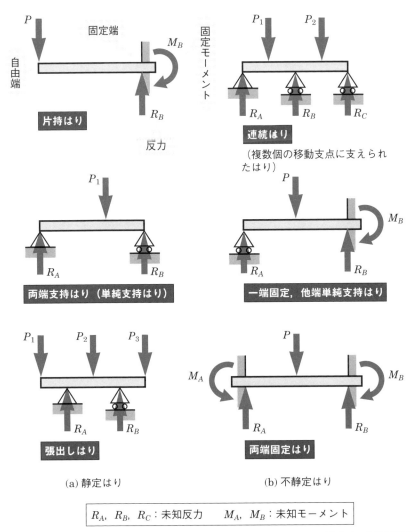

(a) 静定はり　　　　　　　　(b) 不静定はり

R_A, R_B, R_C：未知反力　　　M_A, M_B：未知モーメント

▲図3-3　はりの種類

81

3.1.2 荷重の種類

図 3-4(a) の矢印で示す荷重のように，一点に集中してかかる荷重 P を集中荷重といいます．図 3-4(b) のように，はりのある区間に分布されている荷重 $w(x)$ を分布荷重といいます．ここで，$w(x)$ は x の位置における単位長さあたりの荷重を表しています．特に，単位長さあたりの荷重が一定のものを等分布荷重といいます．図 3-4(c) のように，はりに固定されたクランクからモーメント rP を受けるような場合，この荷重をモーメント荷重といいます．

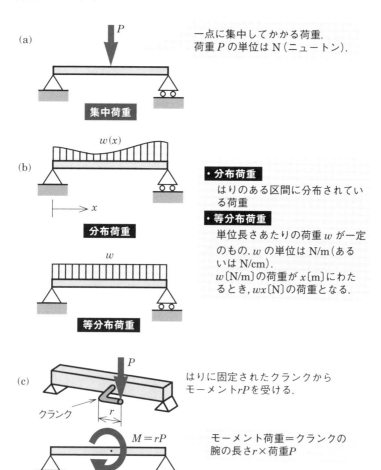

(a) P

一点に集中してかかる荷重．
荷重 P の単位は N（ニュートン）．

集中荷重

(b) $w(x)$

x

分布荷重

・**分布荷重**
　はりのある区間に分布されている荷重

・**等分布荷重**
　単位長さあたりの荷重 w が一定のもの．w の単位は N/m（あるいは N/cm）．
　w〔N/m〕の荷重が x〔m〕にわたるとき，wx〔N〕の荷重となる．

w

等分布荷重

(c) P

クランク　r

はりに固定されたクランクからモーメント rP を受ける．

$M = rP$

モーメント荷重＝クランクの腕の長さ r ×荷重 P

モーメント荷重

▲図 3-4　荷重の種類

はりの曲げ解析では，反力の解析から始まって，曲げ応力とたわみの計算にいたるまでのかなり長い説明を必要とします．**図 3-5** に「はりの曲げ問題」の解析手順を示しますので，「今，何をしようとしているのか」，「何のために準備をしているのか」などを確認しながら進んでください．

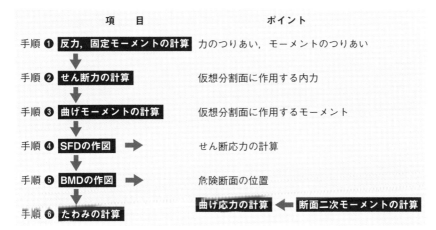

▲図3-5　はりの曲げ問題を解析する手順

　以下の節で，手順❶「反力，固定モーメントの計算」から，手順❹，❺「SFD,BMD の作図」に至るまでの手順を，「両端支持はりに集中荷重が作用する場合」と「片持はりに等分布荷重が作用する場合」を例に解説していきます．「曲げ応力の計算」，「断面二次モーメントの計算」，手順❻の「たわみの計算」は 4 章で解説します．

アドバイス　**静定はりと不静定はり**

　静定はり　：未知量の数＝関係式の数（2 個のつりあい式）
　不静定はり：未知量の数＞関係式の数（2 個のつりあい式）

　どのような問題を解く場合でも，「未知量の数と関係式の数が同数になること」が数学的に必要です．もし条件が不足していれば，条件式を見つけ出さなければなりません．どのように難しい問題においても，この「条件を探す」という考え方が問題解決への指針になります．

3.2 支点反力と固定モーメントの計算 （図3-5の手順❶）

3.2.1 両端支持はりに集中荷重が作用する場合

第2章では，棒状の物体の軸方向に荷重が作用している問題を扱っていたので，「力のつりあい」だけを考えました．しかしこの章では，棒に横方向の荷重が作用する（棒の移動と回転とを固定する）場合を扱うので，「力のつりあい」と「モーメントのつりあい」の両方を考慮しなければなりません．

さて，**図3-6**のように，集中荷重Pが作用している両端支持はりを考えましょう．集中荷重Pが作用すると，点A，点Bにはそれぞれ反力R_A，R_Bが生じます．

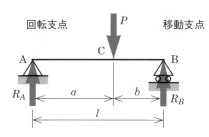

回転支点　　　P　　移動支点

A　　　C　　　　B

R_A ← a → | ← b → R_B

l

下向きの力：$+P$
上向きの力：$-R_A$，$-R_B$
時計回りのモーメント：$+aP$
反時計回りのモーメント：$-lR_B$

▲図3-6　両端支持はり

垂直方向の力のつりあいは，下向きの力：P，上向きの力：$-R_A$，$-R_B$なので

$$P - R_A - R_B = 0 \qquad\qquad \cdots\cdots (3.1)$$

となります．

点A回りのモーメント（点Aを中心にして回転しようとするモーメント）のつりあい（つまり，回転しないでつりあっている状態を考えます）は，時計回りのモーメント：aP（ACの長さ×荷重P），反時計回りのモーメント：$-lR_B$（ABの長さ×反力R_B）なので

$$aP - lR_B = 0 \qquad\qquad \cdots\cdots (3.2)$$

となります．式(3.1)と式(3.2)を連立させて解くと，支点反力R_A，R_Bは次のようになります．

$$R_A = \frac{b}{l}P, \qquad R_B = \frac{a}{l}P \qquad\qquad \cdots\cdots (3.3)$$

アドバイス **支点反力と固定モーメントの符号**

式 (3.1) および (3.2) の左辺を右辺に移すと

$$R_A + R_B - P = 0 \qquad\qquad \cdots\cdots (1)$$

$$lR_B - aP = 0 \qquad\qquad \cdots\cdots (2)$$

となり，力とモーメントの符号が変わります．しかしこれらの式
は，式 (3.1)，(3.2) と全く同じです．したがって，「力については
上向きの力と下向きの力が互いに異符号であれば，どちら向きを
正にとってもよい」．また，「モーメントについては，時計回りと
反時計回りが互いに異符号であれば，どちら回りを正にとっても
よい」ことが理解できるでしょう．

3.2.2 片持はりに等分布荷重が作用する場合

図 3-7 のように，等分布荷重 w（w：単位長さあたりの荷重）が作用し
ている片持はりを考えましょう．反力や固定モーメントを求める場合，
分布荷重については，全ての荷重が荷重の重心の位置（点 A から $\frac{l}{2}$ の位置）
に集中して作用している（集中荷重 wl）として計算できます．

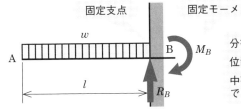

分布荷重は荷重の重心の
位置 $\left(\frac{l}{2}\right)$ に集中する集
中荷重 (wl) として計算
できる．

▲図 3-7 片持はり

したがって，力のつりあいより

$$wl - R_B = 0 \qquad\qquad \cdots\cdots (3.4)$$

が得られます．点 B 回りのモーメントのつりあいより

$$M_B - wl \times \frac{l}{2} = 0 \qquad \cdots\cdots (3.5)$$

が得られます. 式(3.4)と式(3.5)を連立させて解くと, 反力 R_B と固定モーメント M_B は, それぞれ

$$R_B = wl, \qquad M_B = \frac{wl^2}{2} \qquad \cdots\cdots (3.6)$$

となります. このように荷重がいくつでも, またどのように作用していても, 静定はりの反力と固定モーメントは「力のつりあい」と「モーメントのつりあい」から求められます.

| 例題 1 | 図 3-8(a) のような, 張出しはりの反力を求めなさい. |

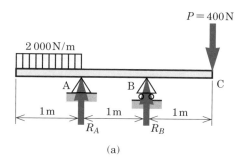

(a)

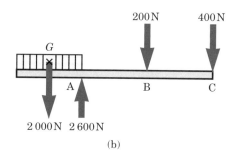

(b)

▲図 3-8　張出しはり

方針

❶ 反力の方向を仮定して, 力のつりあい式とモーメントのつりあい式を立てます.

❷ 2個のつりあい式を連立させて, 2個の未知反力を求めます.

まず，支点 A，B での支点反力を，それぞれ R_A，R_B として上向きと仮定します．

力のつりあいより

$$2\,000 \times 1 + 400 - R_A - R_B = 0 \qquad \cdots\cdots(1)$$

点 A 回りのモーメントのつりあいは

$$2 \times 400 - 1 \times R_B - 0.5 \times 2\,000 \times 1 = 0 \qquad \cdots\cdots(2)$$

（AC の距離 × 荷重 P − AB の距離 × 反力 $R_B - \dfrac{l}{2} \times wl = 0 \leftarrow$ つりあい）

となります（わかり難い人は式 (3.5) の導出をもう一度見直してみましょう）．式 (1) と式 (2) を解くと

$$R_A = 2\,600 \ [\mathrm{N}], \qquad R_B = -200 \ [\mathrm{N}] \qquad \cdots\cdots(3)$$

となります．ここで，R_B が負の値になりました．これは実際の反力は下向きに作用しているという意味です（図 3-8(b) 参照）．

材料力学では三角形の支点の上にはりを置いたように描きますが，正確には「はりの支点で上下方向に動かない」ことを意味しています．この問題の場合，はりが点 B で支点から離れない（浮き上がらない）ように支持されています．

3.3 せん断力と曲げモーメントの計算 （図 3-5 の手順❷, ❸）

3.3.1 両端支持はりに集中荷重が作用する場合

　はりに荷重やモーメントのような外力が作用すると，はりの内部には内力である**せん断力**（shearing force）や，**曲げモーメント**（bending moment）が生じます．ここでは，**図 3-9**(a) のように，両端支持はりに集中荷重が作用するときを例にとり，せん断力と曲げモーメントについて学習しましょう．

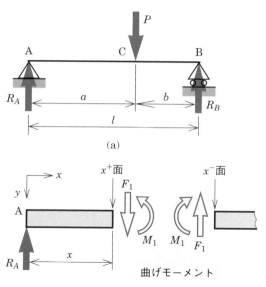

(a)

(b)　$0 \leqq x \leqq a$

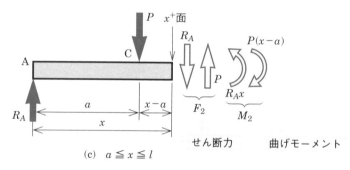

(c)　$a \leqq x \leqq l$

▲図 3-9　両端支持はりに集中荷重が作用する場合

❶ せん断力の計算

1章で学習したように（図1-7 参照），内力であるせん断力を求めるには，部材を仮想的に分割して考えます．では図3-9(b) のように，AC 間の x（$0 \leqq x \leqq a$）の位置で仮想的に分割してみましょう．座標軸は右向きを x 軸の正方向とし，下向きを y 軸の正方向とします（4章でたわみを計算するときに，下向きのたわみを正のたわみとするため）．分割面 x^+（外向きの法線ベクトルが x 軸の正の方向を向く面）には，下向き（y 軸の正方向）のせん断力 F_1 が生じます．ここで，反力 R_A は外力ですが，せん断力 F_1 は内力であることに注意してください．図3-9(b) のように，分割した長さ x の部分を着目物体とすると，F_1 をこの部分に作用する外力と考えることができて，力のつりあい式を立てることができます．式(3.3) の結果から，点 A の反力 R_A の値を代入すると

$$F_1 = R_A = \frac{b}{l} P \qquad\qquad \cdots\cdots (3.7)$$

となります．分割面 x^+ の向かいの面，つまり分割面 x^-（外向きの法線ベクトルが負の方向を向く面）では作用反作用の関係により，上向き（y 軸の負方向）にせん断力 F_1 が生じています．

正の面に作用する正の方向の力を「正のせん断力」，また，負の面に作用する負の方向の力も「正のせん断力」とします（正の面に作用する負の方向の力を「負のせん断力」，また，負の面に作用する正の方向の力も「負のせん断力」とします）．このように，せん断力は力の方向とその力が作用する面の方向によって符号が決まります．つまり，面の方向と作用する力の符号とが同じときには正，異なっているときには負となります．以上をまとめると，**表3-1** のようになります．

▼表3-1　せん断力の符号

面の方向	力の方向	せん断力の符号	せん断の状態
＋　x^+ －　x^-	＋ －	＋ ＋	
＋　x^+ －　x^-	－ ＋	－ －	

表 3-1 の「正のせん断力」を見てください。「分割面 x^+」が下向きの力を受けるのは、「はりの右側が左側よりも下に移動しようとする状態」に相当します。このことを図で表したのが、表 3-1 の「せん断の状態」で、実際にはすべっているわけではありません。

せん断力は内力なので、「分割面に作用する力」という考え方は軸力を求めるときと同じです（2.1 節参照）。「軸力は分割面に垂直な内力」で、「せん断力は分割面に平行な内力」です。

次に、図 3-9(c) のように、BC 間の x（$a \leq x \leq l$）の位置で仮想的に分割してみましょう。分割面 x^+ には「点 A に作用する反力 R_A（上向き）につりあう力 R_A（下向き）」と「点 C に作用する集中荷重 P（下向き）につりあう力 P（上向き）」とが作用していると考えられます。これら 2 つの力の和がせん断力 F_2 なので、

$$F_2 = R_A - P = \frac{b}{l} P - P = \frac{b-l}{l} P = -\frac{a}{l} P \qquad \cdots (3.8)$$

となります。このときの符号は、表 3-1 のように「x^+ 面に作用する下向きの力が正」、「x^+ 面に作用する上向きの力が負」となります。

❷ 曲げモーメントの計算

図 3-9(b) をもとにモーメントについて考えてみましょう。AC 間で分割すると、長さ x（$0 \leq x \leq a$）の部分は、左端の集中荷重 R_A により時計回りに $R_A x$ のモーメントを受けています。この部分が回転しないように、仮想分割面 x^+ に反時計回りのモーメント M_1 が作用してつりあっています。しがって、このモーメント M_1 は

$$M_1 = R_A x = \frac{b}{l} Px \qquad \cdots (3.9)$$

となります。また分割面 x^- には、作用反作用の関係により時計回りのモーメント M_1 が生じます。このように、仮想分割面の両側に作用する逆まわりの対になったモーメントを曲げモーメントと呼びます。この曲げモーメントは、はりの上面が凹となる場合を正、はりの上面が凸となる場合を負と定義します。この曲げモーメントは、モーメント荷重のような外力ではなくて、分割面に作用している一種の内力のようなものである点に注意してください。以上をまとめると表 3-2 のようになります。

面の方向	モーメントの方向	曲げモーメントの符号	曲げの状態
＋　　x^+	反時計回り	＋	上面が凹
－　x^-	時計回り	＋	
＋　　x^+	時計回り	－	上面が凸
－　x^-	反時計回り	－	

次に，図 3-9(c) のように，点 A から x（$a \leq x \leq l$）の位置で仮想的に分割してみましょう．分割面 x^+ には「反力によって引き起こされるモーメント $R_A x$（時計回り）につりあう<u>モーメント $R_A x$（反時計回り）</u>」と，「荷重によって引き起こされるモーメント $P(x-a)$（反時計回り）につりあう<u>モーメント $P(x-a)$（時計回り）</u>」が作用していると考えられます．これら 2 つのモーメントの和が曲げモーメント M_2 なので，

$$M_2 = R_A x - P(x - a) = -\frac{a}{l} Px + Pa \qquad \cdots\cdots (3.10)$$

となります．このときの符号は，表 3-2 のように上面の凹凸により決定します．

3.3.2　片持はりに等分布荷重が作用する場合

❶ せん断力の計算

図 3-10(a) のような片持はりを，図 3-10(b) のように長さ x の位置で仮想的に分割してみましょう．この部分には荷重 wx が外力として下向きに作用しています．したがって分割面 x^+ には，この荷重 wx につりあう上向きの<u>力（y 軸の負方向）</u>が作用しています．この力がせん断力 F なので，分割面をどの位置に選ぼうとも，せん断力は次のように表せます．

$$F = -wx \qquad \cdots\cdots (3.11)$$

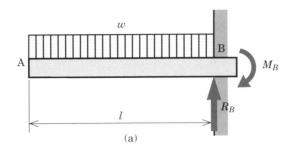

(a)

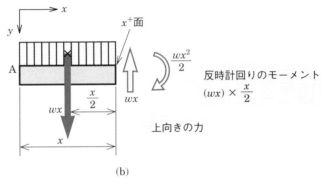

(b)

▲図 3-10　片持ちはりに分布荷重が作用する場合

❷ 曲げモーメントの計算

　図 3-10(b) のように，長さ x の部分では，等分布荷重 wx により分割面 x^+ を中心に反時計回りの「モーメント $(wx) \times (\frac{x}{2})$」が生じます．このモーメントにつりあうように，分割面 x^+ には時計回りのモーメントが必要になります．また，この曲げモーメントにより，はりの上面が凸になるので負符合になります．したがって，分割面 x^+ に作用するモーメント M は

$$M = -wx \times \frac{x}{2} = -\frac{w}{2}x^2 \qquad \cdots\cdots (3.12)$$

となります．

アドバイス せん断力と曲げモーメント

　材料力学のテキストを見ると，せん断力については**図1**のように描かれ，曲げモーメントについては**図2**のように描かれているものがあります．また，「せん断力は断面の右側に対して左側を押し上げる作用をするものを正，その反対を負」とか，「曲げモーメントは上を凹に曲げようとするものを正，その反対を負」と説明しています．これを外力のようなイメージで理解するのは誤りです．せん断力が外力のような力であれば，「上向き」か「下向き」かにより符号が決まるはずです．また，曲げモーメントが外力としてのモーメントであれば，「反時計回り」か「時計回り」かにより符号が決まるはずです．これらは，**図3**や**図4**のように，2つの分割面がx^+とx^-に作用している力とモーメントと解釈しなければなりません．図1，2で描かれている状態の内力を考えると，図3，4と同じであることを確認してください．

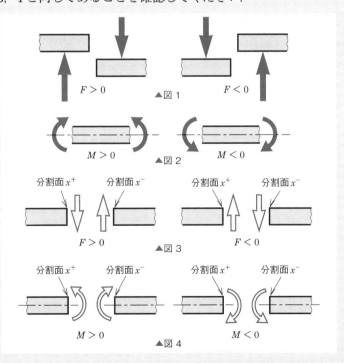

$F > 0$　　▲図1　　$F < 0$

$M > 0$　　▲図2　　$M < 0$

分割面 x^+　　分割面 x^-　　　分割面 x^+　　分割面 x^-

$F > 0$　　▲図3　　$F < 0$

分割面 x^+　　分割面 x^-　　　分割面 x^+　　分割面 x^-

$M > 0$　　▲図4　　$M < 0$

3.4 せん断力図と曲げモーメント図
（図の手順❹，❺）

　はりの一部を仮想的に分割した面に作用する力（せん断力）とモーメント（曲げモーメント）の大きさは，前節までのようにして求めることができます．これらは分割位置 x の関数（一定値も含めて）になります（式 (3.7) ～ (3.12) 参照）．そこで，これらの変化の様子をグラフに表しておくと，最大値を容易に求めることができて，部材の強度計算をする上で大いに役立ちます．

　はりの軸方向（x 軸）に沿ってせん断力を図示したものを**せん断力図**（shearing force diagram 略して SFD）といいます．そして，このせん断力図から，はりに生じるせん断応力を評価することができます．また，はりの軸方向（x 軸）に沿って曲げモーメントを図示したものを**曲げモーメント図**（bending moment diagram 略して BMD）といいます．そして，この曲げモーメント図から，はりに生じる垂直応力を評価することができます．

3.4.1　両端支持はりに集中荷重が作用する場合

　手順❶～❸までで，せん断力と曲げモーメントの計算を行いました．さて，次に SFD（せん断力図），BMD（曲げモーメント図）を描いてみましょう．

　図 3-11(a) のような両端支持はりを考えます．まず，縦軸にせん断力の大きさ，横軸に分割面の位置 x とするグラフに SFD を描きます．当然，横軸はスパンの長さ l までしかありません．分割面を考える位置 x によってせん断力を与える式が異なるので，$0 \leqq x \leqq a$ の区間では式 (3.7) を用いて，$a \leqq x \leqq l$ の区間では式 (3.8) を用います．つまり AC 間（$0 \leqq x \leqq a$）では，せん断力は x に無関係に一定値 $\dfrac{b}{l}P$（正の領域で水平な直線）になります．次に，CB 間（$a \leqq x \leqq l$）では，x の値に無関係に一定値 $-\dfrac{a}{l}P$（負の領域で水平な直線）になります．結局，SFD は図 3-11(b) のように階段状となります．

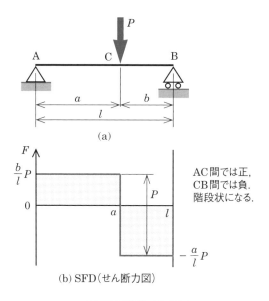

(a)

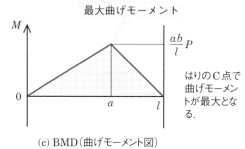

AC間では正,
CB間では負.
階段状になる.

(b) SFD（せん断力図）

最大曲げモーメント

$\dfrac{ab}{l}P$

はりのC点で
曲げモーメン
トが最大とな
る.

(c) BMD（曲げモーメント図）

▲図 3-11

　次に，縦軸に曲げモーメントの大きさ，横軸に分割面の位置 x とするグラフに BMD を描きます．曲げモーメントを与える式が分割面の位置 x によって異なるので，$0 \leqq x \leqq a$ の区間では式 (3.9) を用いて，$a \leqq x \leqq l$ の区間では式 (3.10) を用います．つまり，AC 間の x（$0 \leqq x \leqq a$）の位置では $M = \dfrac{b}{l}Px$ となり，原点を通る右上がりの直線になります．$x=a$ を代入すると点Cでの曲げモーメントの値 $\dfrac{ab}{l}P$ が得られます．また，CB間の $x(a \leqq x \leqq l)$ の位置では $M = -\dfrac{a}{l}Px + aP$ となります．$x=a$（点 C）を代入すると曲げモーメントの値 $M = -\dfrac{a^2}{l}P + aP = \dfrac{-a^2P + a(a+b)P}{l} = \dfrac{ab}{l}P$ が得られ，$x=l$（点 B）を代入すると $M = -\dfrac{a}{l}lP + aP = 0$ が得られます．

3

はりの曲げ

したがって，点 C では $\dfrac{ab}{l}P$，点 B では 0 を通る右下がりの直線になります．以上をまとめると，BMD は図 3-11(c) のように，点 C で最大値 $\dfrac{ab}{l}P$ をとり，山形に変化します．

3.4.2　片持はりに等分布荷重が作用する場合

図 3-12(a) のような片持はりを考えてみましょう．式 (3.11) から SFD を描くと，図 3-12(b) のように直線状に変化します．また式 (3.12) から BMD を描くと，図 3-12(c) のように放物線状になります．

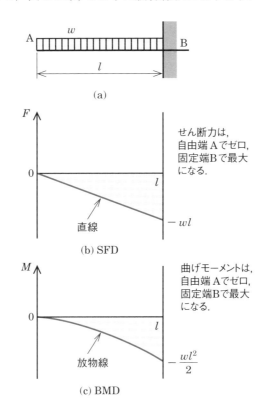

(a)

せん断力は，
自由端 A でゼロ，
固定端 B で最大
になる．

直線

$-wl$

(b) SFD

曲げモーメントは，
自由端 A でゼロ，
固定端 B で最大
になる．

放物線

$-\dfrac{wl^2}{2}$

(c) BMD

▲図 3-12

<table>
<tr><td>例題 2</td><td>図 3-13 のような張出しはりの SFD と BMD を描きなさい（p.86 例題 1 参照）.</td></tr>
</table>

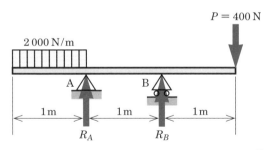

▲図 3-13　張出しはり

方針

❶ 左端から区間ごとに分割面を考えます.

❷ 長さ x のはりを考え，分割面に作用するせん断力と曲げモーメントを考えます.

解

例題 1（p.86）の結果より $R_A = 2\,600$ 〔N〕，$R_B = -200$ 〔N〕

$0 \leqq x \leqq 1$ のとき

図 3-14(a) より，せん断力 F_1 と曲げモーメント M_1 は，それぞれ

$$F_1 = -wx = -2\,000x \ 〔\mathrm{N}〕 \qquad\qquad \cdots\cdots (1)$$

$$M_1 = -\frac{w}{2}x^2 = -\frac{2\,000}{2}x^2 = -1\,000\,x^2 \ 〔\mathrm{Nm}〕 \qquad \cdots\cdots (2)$$

$1 \leqq x \leqq 2$ のとき

図 3-14(b) より，せん断力 F_2 と曲げモーメント M_2 は，それぞれ

$$F_2 = -2\,000 \times 1 + R_A = 600 \ 〔\mathrm{N}〕 \qquad\qquad \cdots\cdots (3)$$

$$M_2 = -2\,000 \times (x - 0.5) + 2\,600 \times (x - 1)$$

$$= 600x - 1\,600 \ 〔\mathrm{Nm}〕 \qquad\qquad\qquad\quad \cdots\cdots (4)$$

$2 \leqq x \leqq 3$ のとき

図 3-14(c) より，せん断力 F_3 と曲げモーメント M_3 は，それぞれ

$$F_3 = -2\,000 + 2\,600 - 200 = 400 \ 〔\mathrm{N}〕 \qquad\qquad \cdots\cdots (5)$$

$$M_3 = -2\,000(x - 0.5) + 2\,600 \times (x - 1) - 200 \times (x - 2)$$

$$= 400x - 1\,200 \ 〔\mathrm{Nm}〕 \qquad\qquad\qquad\qquad\quad \cdots\cdots (6)$$

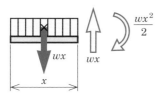

(a) $0 \leqq x \leqq 1$

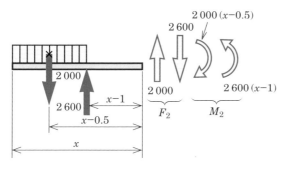

(b) $1 \leqq x \leqq 2$

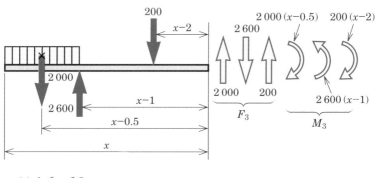

(c) $1 \leqq x \leqq 3$

式 (1)，(3)，(5) から SFD を描くと，**図 3-15**(a) のようになります．つまり，$0 \leqq x \leqq 1$ の区間では原点を通り，傾き $-2\,000$〔N/m〕（右下がり）の直線，$1 \leqq x \leqq 2$ の区間では 600〔N〕の一定値，$2 \leqq x \leqq 3$ の区間では 400〔N〕の一定値になります．

式 (2), (4), (6) から BMD を描くと，図 3-15(b) のようになります．つまり，$0 \leq x \leq 1$ の区間では原点を頂点とする上に凸の放物線，$1 \leq x \leq 2$ の区間では傾き 600〔N〕（右上がり）の直線，$2 \leq x \leq 3$ の区間では傾き 400〔N〕（右上がり）の直線になります．

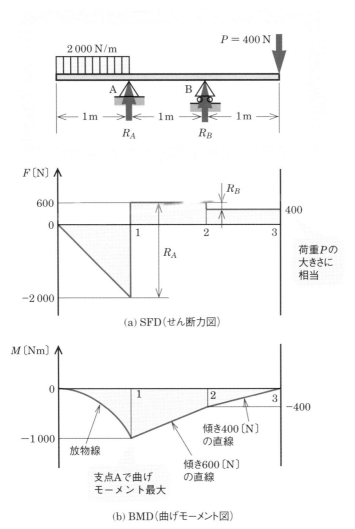

(a) SFD（せん断力図）

(b) BMD（曲げモーメント図）

▲図 3-15 SFD と BMD

例題3 図 3-16 のように，長さ 1m の両端支持はりの点 C（$a=0.6$m，$b=0.4$m）に，反時計回りにモーメント荷重 $M_C=2\,000$〔Nm〕が作用しています．SFD と BMD を描きなさい．

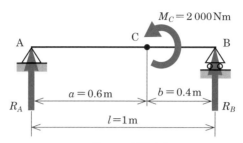

$M_C=2\,000\,\mathrm{Nm}$

A　　　　　C　　　　　B

$a=0.6\,\mathrm{m}$　　　$b=0.4\,\mathrm{m}$

R_A　　　　　　　　　R_B

$l=1\mathrm{m}$

▲図 3-16　両端支持はりにモーメント荷重が作用する場合

方針

❶ 力のつりあいとモーメントのつりあいから支点反力を求めます．

❷ AC 間で，せん断力と曲げモーメントを表します．

❸ CB 間で，せん断力と曲げモーメントを表します．

❹ ❷，❸で得られた結果をもとに SFD と BMD を作図します．

解

支点反力 R_A，R_B を上向きに仮定します．力のつりあいより

$$R_A + R_B = 0 \qquad\qquad \cdots\cdots (1)$$

となります．点 B 回りのモーメントのつりあいより

$$lR_A - M_C = 0 \qquad\qquad \cdots\cdots (2)$$

となります．式 (1)，(2) を連立させて解くと

$$R_A = \frac{M_C}{l} = 2\,000\ \text{〔N〕}, \qquad R_B = -R_A = -\frac{M_C}{l} = -2\,000\ \text{〔N〕} \cdots\cdots (3)$$

を得ます．支点 A では $R_A > 0$ なので，はりは上向きの反力を受けて，支点 B では $R_B < 0$ なので，はりは下向きの反力を受けます．

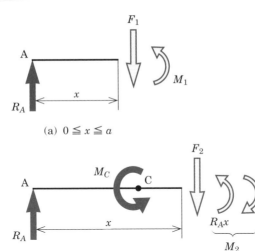

(a) $0 \leqq x \leqq a$

(b) $a \leqq x \leqq l$

▲図 3-17

AC 間（$0 \leqq x \leqq 0.6$）では

図 3-17(a) より，せん断力 F_1 と曲げモーメント M_1 は，それぞれ

$$F_1 = R_A = 2\,000 \; [\text{N}], \quad M_1 = R_A x = 2\,000x \; [\text{Nm}] \qquad \cdots\cdots (4)$$

CB 間（$0.6 \leqq x \leqq 1$）では

図 3-17(b) より，せん断力 F_2 と曲げモーメント M_2 は，それぞれ

$$F_2 = R_A = 2\,000 \; [\text{N}],$$

$$M_2 = R_A x - M_C = 2\,000(x-1) \; [\text{Nm}] \qquad \cdots\cdots (5)$$

式 (4)，(5) から SFD および BMD を描くと，それぞれ**図 3-18**(a)，(b) の
ようになります．

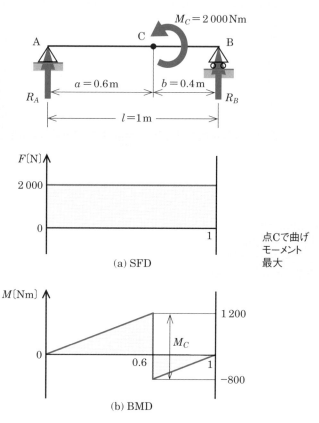

(a) SFD

点Cで曲げ
モーメント
最大

(b) BMD

▲図 3-18

3.4.3 せん断力と曲げモーメントの特徴

SFD と BMD とには，次のような特徴があります．

❶ 集中荷重が作用している点（支点においても反力が生じている）では，SFD は負荷される荷重の大きさだけ段差が生じて不連続になり（図 3-11(b)，3-15(a) 参照），この点で BMD は折れ曲がります（図 3-11(c)，3-15(b) 参照）．

❷ モーメントが作用する点では，BMD は負荷されるモーメント荷重の大きさだけ段差が生じて不連続になります（図 3-18(b) 参照）が，SFD は変化しません（図 3-18(a) 参照）．

❸ せん断力がゼロまたはせん断力の符号が変わるところで，曲げモーメ

ントは極大あるいは極小になります（図 3-11(c), 3-15(b) 参照）. これ
らの極大値, 極小値の中で絶対値が最大のものを**最大曲げモーメント**と
いいます. また, 曲げモーメントの絶対値が最大になる位置を**危険断**
面といいます. 4 章でも説明しますが, 最大曲げモーメントが生じる
位置で最大曲げ応力が生じるため, この危険断面の位置が最も破壊し
やすい箇所になります.

❹ 支点の位置で反力の値は SFD に現れ, 固定モーメントの値は BMD に
現れます.

以上のような項目をもとにして, 描いた SFD と BMD とについて検討
を行えば, 間違いを少なくすることができます.

材料力学の基礎：なるほど雑学

船と材料力学

　船は波の影響でどのような力を受けているのでしょうか？　船
が船体の長さと同じくらいの波長の波を受ける場合を考えてみま
しょう. 船体が受ける浮力は波の高さによって異なるので, 船体
は**図 1**のように曲げを受けます. 船体が長く波が高ければ, かな
り大きな曲げを繰り返して受けることになります. 長さ 300m 級
のタンカーの外板は, 厚さ 32mm 程度の鋼板を使用していますが,
このように大きな外力を外板だけで支えることは困難です. **図 2**
のようにキール（竜骨）と呼ばれる骨組み構造と, 隔壁により仕
切られた箱状のブロックをつなぎ合わせることにより剛性を作り
出しています. 船体の内部構造については造船所か「船の科学館」
（東京）で見ることができます.

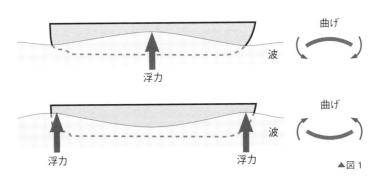

▲図 1

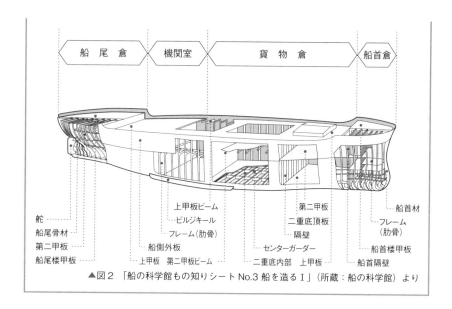

船尾倉　機関室　貨　物　倉　船首倉

舵	上甲板ビーム
船尾骨材	ビルジキール
第二甲板	フレーム（肋骨）
船尾楼甲板	船側外板
	上甲板　第二甲板ビーム

第二甲板
二重底頂板
隔壁
センターガーダー
二重底内部　上甲板

船首材
フレーム（肋骨）
船首楼甲板
船首隔壁

▲図2　「船の科学館もの知りシート No.3 船を造る I 」（所蔵：船の科学館）より

練習問題

1　図1のような，はりの SFD と BMD を描きなさい.

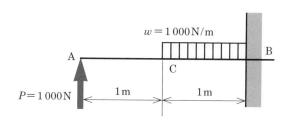

$w = 1\,000\,\text{N/m}$

A

C

B

$P = 1\,000\,\text{N}$

1m　　1m

▲図1

2　図2のような，はりの SFD と BMD を描きなさい.

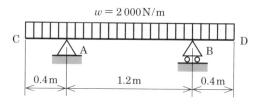

$w = 2\,000\,\text{N/m}$

C

A

B

D

0.4m　　1.2m　　0.4m

▲図2

第 **4** 章

はりの曲げ応力と たわみ

ポイント

　この章では，3 章から引き続いて「はりの曲げ」の解析をします．3 章で学習した曲げモーメント M から，はりに生じる「曲げ応力」σ を，次のように求めることができます．

　　曲げ応力 $\sigma = \dfrac{M}{I} y$ （y：中立軸からの距離）

　このとき，はりの断面形状が変わると，断面二次モーメント I の値が変化します．4.2 節を読みながら，どのような断面形状のときに曲げ応力が小さくなるか考えてみましょう．

　はりの曲げ変形については，「はりの最大たわみ角 $i_{\max}$」と「はりの最大たわみ $\delta_{\max}$」を求める次の 2 つの公式が重要です．

　　はりの最大たわみ角 $i_{\max} = \alpha \dfrac{Pl^{2}}{EI}$

　　　（α：荷重の状態によって決まる係数，P：荷重，

　　　　l：スパンの長さ，E：縦弾性係数）

　　はりの最大たわみ $\delta_{\max} = \beta \dfrac{Pl^{3}}{EI}$

　　　（β：荷重の状態によって決まる係数，P：荷重，

　　　　l：スパンの長さ，E：縦弾性係数）

　4.2 節を読みながら，どのような断面形状のときに曲がり難くなるか考えてみましょう．

4.1 はりの曲げ応力 （図3-5参照）

　図4-1のように，消しゴムの側面の上部と下部に，同じ大きさの四角形を描いて曲げてみましょう．描いた四角形を観察すると，曲げの内側は元の長さよりも短くなり，外側は元の長さよりも長くなることがわかります．したがって，消しゴムの上面と下面との間に，軸方向の長さが元の長さと変わらない面が存在します．この面を**中立面**といい，中立面と断面の交線を**中立軸**といいます（図4-2(c)参照）．

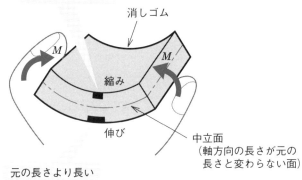

元の長さより短い

消しゴム

縮み

中立面
（軸方向の長さが元の
長さと変わらない面）

伸び

元の長さより長い

▲図4-1　曲げ

　はりを消しゴムに見立てて考えると，曲げによってこのように変形することがわかります．1章（図1-10(d)参照）で学習しましたね．消しゴムの例も取り上げたので思い出してもらえると思います．このような曲げ変形の解析では，まず曲げによるひずみを求め，これにフックの法則を適用して「ひずみを応力に変換」すればよいのです．では，はりの曲げに関してもう少し詳しくみていきましょう．

■はりの曲げ応力

　図4-2(a)のようなはりが曲げモーメントにより図4-2(b)のように「上面が凹」に曲がり，要素ABCDがA′B′C′D′に変形したとしましょう．図4-2(b)ではM′-N′が中立面となります．このとき，中立面からyの距離にある線要素PQのひずみを考えてみましょう．はりが曲がっても，

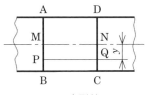

(a) 変形前

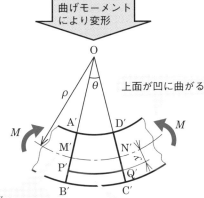

上面が凹に曲がる

中立面M'N'
はりが曲がっても中
立面上の長さは変化
しない.

中立軸からyの距離に
ある線要素PQ

(b) 変形後

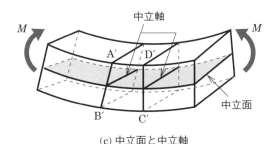

中立軸

中立面

(c) 中立面と中立軸

▲図 4-2

中立面上の MN の長さは変化しないので，MN = M'N' = PQ の関係が
成立します．したがって，ひずみ ε(イプシロン) は

$$\varepsilon = \frac{\lambda\,(\text{伸縮量})}{l\,(\text{もとの長さ})} = \frac{P'Q' - PQ}{PQ} = \frac{P'Q' - M'N'}{M'N'} \qquad \cdots\cdots (4.1)$$

と表されます．点 O を弧 M'N' の中心，ρ を曲率半径とすると，扇形
OM'N' と OP'Q' は相似形になります．点 O を中心とした弧の長さ M'N'

4

はりの曲げ応力とたわみ

と P′Q′ とは, 中心角 θ とそれぞれに対応する半径 ρ と $\rho + y$ を用いると, 次のように表せます.

$$\text{M′N′} = \rho\theta \qquad\qquad \cdots\cdots (4.2)$$

$$\text{P′Q′} = (\rho + y)\theta \qquad\qquad \cdots\cdots (4.3)$$

式 (4.2) と (4.3) を式 (4.1) に代入すると

$$\varepsilon = \frac{伸縮量}{もとの長さ} = \frac{(\rho + y)\theta - \rho\theta}{\rho\theta} = \frac{y}{\rho} \qquad\qquad \cdots\cdots (4.4)$$

となります. 応力とひずみの関係を用いると, 中立面から y の距離に生じる応力 σ は

$$\sigma = E\varepsilon = E\frac{y}{\rho} \qquad\qquad \cdots\cdots (4.5)$$

となります. この垂直応力 σ を曲げ応力といいます.

■曲げ応力 σ と曲げモーメント M の関係

次に, 曲げ応力 σ と曲げモーメント M の関係を求めてみましょう. この過程で, 断面二次モーメントと呼ばれる「はりの断面形状だけで値が決定される量」が現れます. この断面二次モーメントは「はりの曲がり難さ」を表す重要な量なので, 4.2 節であらためて学習します. この節では「断面二次モーメント I を用いると簡潔に式を整理できる」程度の理解でもよいでしょう.

図 4-3(a) のように, 曲げモーメント M を受けるはりの断面を中立軸と平行な微小要素に分けて, このうちの 1 つとして中立面から y_i の距離に i 番目の微小面積 ΔA_i を考えます. この微小面積要素に生じる応力 σ_i により, 中立軸 (m-n) 回りにモーメントが生じます. ΔA_i の微小要素に生じる内力 ΔP_i は, 「(応力)×(面積)」より

$$\Delta P_i = (応力) \times (面積) = \sigma_i\, \Delta A_i \qquad\qquad \cdots\cdots (4.6)$$

となります. ここで σ_i は, 微小面積 ΔA_i に生じている曲げ応力を表しています (図 4-3(b) 参照). ΔP_i の内力によって生じる中立軸回りのモーメント ΔM_i は, 「(距離)×(力)」より

$$\Delta M_i = (距離) \times (力) = y_i\, \Delta P_i = y_i\sigma_i\, \Delta A_i \qquad\qquad \cdots\cdots (4.7)$$

となります. この微小要素に作用する曲げモーメント DMi を断面全体に

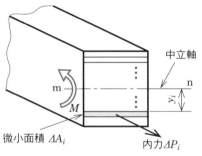

(a) 微小面積要素

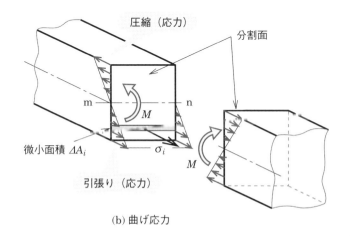

(b) 曲げ応力

▲図 4-3

わたって加え合わせたものが，断面全体に作用する曲げモーメント M になります．つまり，次のようになります．

$$M = \sum \Delta M_i = y_1 \Delta P_1 + y_2 \Delta P_2 + \cdots + y_n \Delta P_n \qquad \cdots\cdots (4.8)$$

さらに，式 (4.8) に式 (4.7) を代入して，式 (4.5) を用いて σ_i を消去すると，

$$M = \sum y_i \sigma_i \Delta A_i = \frac{E}{\rho} \sum y_i^2 \Delta A_i \qquad \cdots\cdots (4.9)$$

となります．ここで，$\sum y_i^2 \Delta A_i$（＝Σ(中立軸からの距離)²×(微小要素の面積)）は断面形状により一定の値となるので記号 I で表します．この I を断面二次モーメントといい，断面形状の特性を表す係数と考えることができます．この断面二次モーメントは，力学的条件や材質とは無関係に，はりの断面形状だけで決まる幾何学的な量です．したがって，この I を用いると式 (4.9) は

$$M = \frac{E}{\rho} I, \quad \text{または} \quad \rho = \frac{EI}{M} \qquad \cdots \cdots (4.10)$$

となります．ここで，EI を曲げ剛性といい，曲げ難さの指標となります（EI の値が大きいほど曲げ難い）．つまり，式 (4.10) の第 2 式は次のことを意味しています．「一定の曲げモーメント M が作用すると，縦弾性係数 E の大きい材料（たとえば，アルミニウムより鋼）を用いるほど，また断面二次モーメント I の大きい断面形状（たとえば，直径のより大きな丸棒）を用いるほど，曲率半径 ρ が大きく（はりが曲がり難く）なります．」

曲率半径 ρ は測定し難いので，曲げ応力 σ と曲げモーメント M の関係を得るために，式 (4.5) と式 (4.10) から曲率半径 ρ を消去すると，

$$\text{曲げ応力} = \frac{\text{曲げモーメント} \times \text{中立面からの距離}}{\text{断面二次モーメント}} \qquad \sigma = \frac{M}{I} y \cdots (4.11)$$

を得ます．すなわち，曲げ応力は中立面からの距離に比例し，はりの上面と下面とで最大値になります．図 4-4 のように，中立軸からはりの下面と上面までの距離をそれぞれ e_1（> 0），e_2（> 0）とすると，最大引張り応力 σ_1 と最大圧縮応力 σ_2 はそれぞれ

$$\sigma_1 = \frac{M}{I} e_1 = \frac{M}{Z_1}, \quad \sigma_2 = -\frac{M}{I} e_2 = -\frac{M}{Z_2} \qquad \cdots \cdots (4.12)$$

となります．ここで，Z_1 と Z_2 とは，それぞれ

$$Z_1 = \frac{I}{e_1}, \quad Z_2 = \frac{I}{e_2} \qquad \cdots \cdots (4.13)$$

で，中立軸に関する断面係数（modulus of section）といいます．断面係数が大きい断面形状ほど最大曲げ応力は小さくなります．したがって，部材は大きな曲げモーメントにも耐えられます．

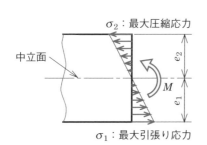

σ_2：最大圧縮応力

中立面

σ_1：最大引張り応力

$$\sigma_2 = -\frac{M}{I} e_2 = -\frac{M}{Z_2}$$

$$Z_2 = \frac{I}{e_2} \quad \text{（断面係数）}$$

$$\sigma_1 = \frac{M}{I} e_1 = \frac{M}{Z_1}$$

$$Z_1 = \frac{I}{e_1} \quad \text{（断面係数）}$$

▲図 4-4

簡単にできる材料力学の実験 (2)

セロテープと積み木（あるいは空き缶）を用意しましょう．セロテープは**図1**のように，引張りに強く，圧縮に弱い材料です．また，積み木は**図2**のように，圧縮に強く，引張りに弱い材料です．

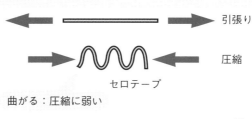

曲がる：圧縮に弱い

▲図1

さて，この2つの材料を用いてはりをつくってみましょう．いかがですか，

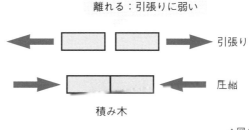

▲図2

両端支持はりの場合では，セロテープを下側に貼り（**図3**(a) 参照），片持はりの場合では，セロテープを上側に貼る（図3(b) 参照）と支点で支えることができますね．このように，両端支持はりと片持はりでは，はりに生じる曲げモーメントの符号が逆になるために，引張り応力の生じる位置が上下逆になるのです．

たとえば，コンクリート（引張りに弱い材料）を鋼（引張りに強い材料）で補強してはりを造る場合には，引張り応力が生じる側に重点的に鋼を配置します．つまり，材料の特性を考えて適切な位置に補強材を配置しなければならないわけです．

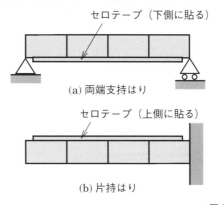

(a) 両端支持はり

(b) 片持はり

▲図3

4.2 断面二次モーメント

4.2.1 断面二次モーメントと断面係数

引張り（圧縮）荷重 P が作用する場合では，部材に生じる垂直応力 σ は，断面積 A が同じならば断面形状とは関係なく $\sigma = \dfrac{P}{A}$ と表せます．しかし，曲げ変形の場合では，たとえ部材の断面積が同じであっても，断面形状が異なれば前節で述べたように曲げ応力は異なります．断面形状による「曲がり難さを表しているもの」が断面二次モーメントで，「最大曲げ応力の程度を表しているもの」が断面係数です．

断面二次モーメント I と断面係数 Z は，はりの断面形状によって決まり，表 4-1（p.114）のような値になります．

断面二次モーメント I，断面係数 Z の値を得るには，表 4-1 を公式として利用すればよいのですが，理解を深めるために表 4-1 番号❶を例に I と Z の導出過程を少し詳しくみていきましょう．もし，次の解説が理解できなかったとしても，表 4-1 を利用できれば問題ないので，気にせずに先に進んでください．

表 4-1 番号❶は，幅 b，高さ h の長方形です．この長方形を，**図 4-5** のように高さ方向に $2n$ 等分すると，1 つの要素の高さは $\dfrac{h}{2n}$，面積は $\dfrac{bh}{2n}$ となります．中立軸からの距離は要素の高さをもとに計算することができます．したがって，断面二次モーメントは次のようになります．

$$I = \Sigma\left(\text{要素の面積}\right) \times \left(\text{中立軸からの距離}\right)^2$$

$$= \left\{ \frac{bh}{2n}\,0^2 + \frac{bh}{2n}\left(\frac{-h}{2n}\right)^2 + \frac{bh}{2n}\left(\frac{-2h}{2n}\right)^2 + \cdots + \frac{bh}{2n}\left(\frac{-(n-1)h}{2n}\right)^2 \right\} \boxed{A}$$

$$+ \left\{ \frac{bh}{2n}\,0^2 + \frac{bh}{2n}\left(\frac{h}{2n}\right)^2 + \frac{bh}{2n}\left(\frac{2h}{2n}\right)^2 + \cdots + \frac{bh}{2n}\left(\frac{(n-1)h}{2n}\right)^2 \right\} \boxed{B} \quad \cdots (4.14)$$

ここで，＿＿$\boxed{A}$ の和は負の領域，＿＿$\boxed{B}$ の和は正の領域での計算を表しています．これらの和は級数の和として求められ，

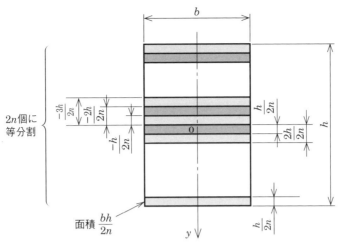

$$I = \frac{bh}{2n}\left(\frac{h}{2n}\right)^2 \times 2\left(0^2 + 1^2 + 2^2 + \cdots + (n-1)^2\right)$$

$$= \frac{bh^3}{8n^3} \times \frac{2\left(n(n-1)(2n-1)\right)}{6} = \frac{bh^3}{24} \times \left(1 - \frac{1}{n}\right)\left(2 - \frac{1}{n}\right) \quad \cdots\cdots (4.15)$$

となります。分割を細かく $(n \to \infty)$ すると，式 (4.15) 中の $\frac{1}{n} \to 0$ となり，

$$I = \frac{bh^3}{12} \quad\quad\quad \cdots\cdots (4.16)$$

が得られます。断面係数 Z_1, Z_2 は $e_1 = e_2 = \frac{h}{2}$ と式 (4.16) とから，次のように得られます。

$$Z_1 = \frac{I}{e_1} = Z_2 = \frac{I}{e_2} = \frac{\dfrac{bh^3}{12}}{\dfrac{h}{2}} = \frac{bh^2}{6} \quad\quad \cdots\cdots (4.17)$$

断面二次モーメントの単位は長さの 4 乗（たとえば，m⁴，mm⁴），断面係数の単位は長さの 3 乗（たとえば，m³，mm³）になります。

次に，中立軸の位置について考えてみましょう。上下対称な断面形状の場合には，中立軸は中央（対称軸）にあることは容易に理解できます。したがって，式 (4.13) において $e_1 = e_2$ として断面係数 $Z_1 = Z_2$ を求めることができます。上下非対称な断面形状の場合には，中立軸は図心を通る軸になります。たとえば，三角形断面の場合（表 4-1 番号 **❽**）では，中立軸は $e_1 = h/3$, $e_2 = 2h/3$ にあります。したがって，断面係数 Z_1 と Z_2 とは異なった値になります。

▼表 4-1　種々の断面形状に対する断面二次モーメントと断面係数

番号	断面形状	面積 A	断面二次モーメント I	断面係数 Z
❶		bh	$\dfrac{bh^3}{12}$	$\dfrac{bh^2}{6}$
❷		$b(h_2-h_1)$	$\dfrac{1}{12}\,b(h_2^3-h_1^3)$	$\dfrac{1}{6}\dfrac{b(h_2^3-h_1^3)}{h_2}$
❸		$b_2h_2-b_1h_1$	$\dfrac{1}{12}\,(b_2h_2^3-b_1h_1^3)$	$\dfrac{1}{6}\dfrac{b_2h_2^3-b_1h_1^3}{h_2}$
❹		a^2	$\dfrac{a^4}{12}$	$\dfrac{\sqrt{2}}{12}\,a^3$
❺		$\dfrac{\pi d^2}{4}$	$\dfrac{\pi d^4}{64}$	$\dfrac{\pi d^3}{32}$
❻		$\dfrac{\pi(d_2^2-d_1^2)}{4}$	$\dfrac{\pi(d_2^4-d_1^4)}{64}$	$\dfrac{\pi(d_2^4-d_1^4)}{32d_2}$
❼		πab	$\dfrac{\pi}{4}\,ab^3$	$\dfrac{\pi}{4}\,ab^2$
❽		$\dfrac{1}{2}\,bh$	$\dfrac{1}{36}\,bh^3$	$e_1=\dfrac{1}{3}\,h,\ \ Z_1=\dfrac{1}{12}\,bh^2$ $e_2=\dfrac{2}{3}\,h,\ \ Z_2=\dfrac{1}{24}\,bh^2$
❾		$b_3h_2-b_1h_1$	$\dfrac{1}{3}\left\{b_3e_2^3-b_1c^3+b_2e_1^3\right\}$ ここで$c=e_2-h_3$	$e_2=\dfrac{b_2h_2^2+b_1h_3^2}{2(b_2h_2+b_1h_3)}$ $e_1=h_2-e_2$ $Z_1=\dfrac{I}{e_1},\ \ Z_2=\dfrac{I}{e_2}$

　さまざまな断面形状について，断面二次モーメントを表4-1に公式化して示しています．これらの値は積分を用いると簡単に計算できます．つまり

$$I = \sum y_i^2 \, \Delta A_i = \int_A y^2 \, dA \qquad \cdots\cdots (1)$$

と表せます．この式 (1) の積分計算をすると，どのような形状の断面二次モーメントでも求めることができます．式 (4.14)〜式 (4.16) で計算したように，「細かく分割してそれらの和をとり，さらに分割数を限りなく多くした極限を考える」という考え方は同じですが，計算が容易になります．たとえば，**下図**のような長方形断面の場合には，

$$I = \int_{-\frac{h}{2}}^{\frac{h}{2}} y^2 (b \, dy) = \left[\frac{b}{3} y^3 \right]_{-\frac{h}{2}}^{\frac{h}{2}} = \frac{bh^3}{12} \qquad \cdots\cdots (2)$$

となります．

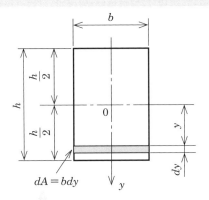

微小面積要素の断面積

4

はりの曲げ応力とたわみ

4.2.2 断面二次モーメントに関する公式

　断面二次モーメントについて3つの公式を紹介しておきます．これらの公式を組み合わせて利用すると，かなり複雑な断面形状についても簡単に断面二次モーメントを計算できます．公式だけではわかり難いので，例題を参考にして使い方に慣れてください．

公式1　中立軸の位置の求め方

　図4-6のような，複雑な断面形状をしたはりの断面二次モーメントを求めてみましょう．まず中立軸の位置がどこかを見つけなければなりません．そこでこのような場合，図形をいくつかに分けて考えることにします．それぞれの図形の中立軸の位置を表すために，基準軸を設定しておきます（どこに設定してもよい）．この基準軸から，（図心Gを通る）図形全体の中立軸の位置 $\bar{y}$ は次の式により求めます．

$$\bar{y} = \frac{A_1 \bar{y}_1 \pm A_2 \bar{y}_2 \pm \cdots}{A} \qquad \cdots\cdots (4.18)$$

ここで，A：全体の断面積，N-N：全体の中立軸，$\bar{y}$：基準軸から中立軸までの距離，A_1，A_2，...：部分領域の断面積，N_1-N_1，N_2-N_2，...：部分領域の中立軸，$\bar{y}_1$，$\bar{y}_2$，...：基準軸から部分領域の中立軸までの距離．式(4.18)中の符号 ± は，「穴の場合には負符号」，「他の場合は正符号」にします．

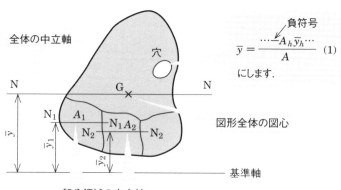

▲図4-6　中立軸の位置

116

公式2 軸を移動した場合の断面二次モーメント

　通常は中立軸に関する断面二次モーメントを計算できれば十分です.
しかし, 断面をいくつかの図形に分割して考えるとき, 個々の図形の図
心を通る軸の位置と全体の図形の図心を通る軸の位置が異なるので, 全
体の図形の図心を通る軸に関して個々の図形の断面二次モーメントを求
める必要があります. **図4-7**のように, 中立軸とは異なる位置にある軸
(C-C軸)に関する断面二次モーメント I を求めるには, 次の式を用います.

$$I = y_0^2 A + I_0 \qquad\qquad\qquad \cdots\cdots (4.19)$$

ここで, N-N：図心Gを通る軸, y_0：C-C軸とN-N軸との距離, A：断
面積, I_0：N-N軸に関する断面二次モーメント. $y_0^2 A \geqq 0$なので, 図心G
を通る軸に関する断面二次モーメントが最小値I_0になります. **図4-8**に,
「中立軸に関して曲げること」と「中立軸以外の軸で曲げること」の違い
を示します. 現実には図4-8(b)のような変形は破線部分が存在しないと
不可能ですが, 変形状態をイメージして違いに注意してください.

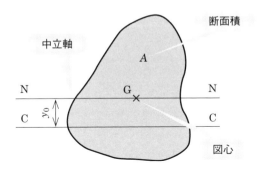

▲図4-7

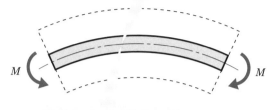

図心を通る軸＝中立軸

曲げモーメントが作用する軸

(a) 中立軸に関する曲げ

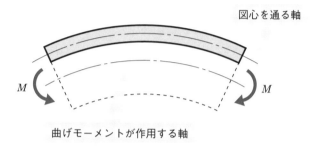

図心を通る軸

曲げモーメントが作用する軸

(b) 中立軸以外の軸に関する曲げ

▲図 4-8

公式 3　複雑な形状の断面二次モーメント

公式 1 で全体の図形の図心を通る軸（中立軸）を求め，公式 2 でその図心を通る軸に関して個々の図形の断面二次モーメントを求めることができました．それでは，図 4-9 のような複雑な図形全体の断面二次モーメントを求めてみましょう．断面形状をいくつかの図形の和あるいは差として表す場合には，図形全体の断面二次モーメント I は次の式より求めることができます．

$$I = I_1 \pm I_2 \pm \cdots \qquad\qquad \cdots\cdots (4.20)$$

ここで，I_1, I_2, ... ：部分領域の N-N 軸に関する断面二次モーメント．式 (4.20) 中の符号 ± は，「穴の場合には負符号」，「他の場合は正符号」にします．

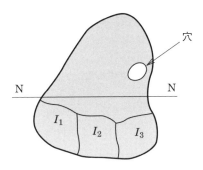

中空円筒の断面二次モーメントは，$I_2 = \dfrac{\pi d_2^4}{64}$（外径に相当する円）から $I_1 = \dfrac{\pi d_1^4}{64}$（内径に相当する円）を引くことにより得られます（**図4-10** 参照）.

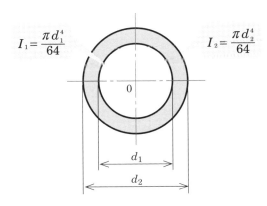

$$I_1 = \frac{\pi d_1^4}{64} \qquad I_2 = \frac{\pi d_2^4}{64}$$

I 型断面では，**図 4-11**(a) のように，$I_1 = \dfrac{1}{12}b_2 h_2^3$（全体の長方形）から $I_2 = \dfrac{1}{12}b_1 h_1^3$（ハッチングを施した長方形部分 ▨ ）を引くことにより得られます．つまり，

$$I = I_1 - I_2 = \frac{1}{12}\left(b_2 h_2^3 - b_1 h_1^3\right) \qquad\qquad \cdots\cdots (4.21)$$

となります．また同じ形状を図 4-11(b) のように，フランジとウェブに分けて考えてみましょう．フランジの部分は表 4-1 番号❷より

$$I_1 = \frac{1}{12}b_2\left(h_2^3 - h_1^3\right) \qquad\qquad \cdots\cdots (4.22)$$

4

はりの曲げ応力とたわみ

となります．一方ウェブの部分は，表4-1番号❶より

$$I_2 = \frac{1}{12}(b_2 - b_1)h_1^3 \qquad \cdots\cdots (4.23)$$

となります．この2つを加え合わせると

$$I = I_1 + I_2 = \frac{1}{12}\left(b_2 h_2^3 - b_1 h_1^3\right) \qquad \cdots\cdots (4.24)$$

となり，図4-11(a) のように考えた場合と同じ結果になります．

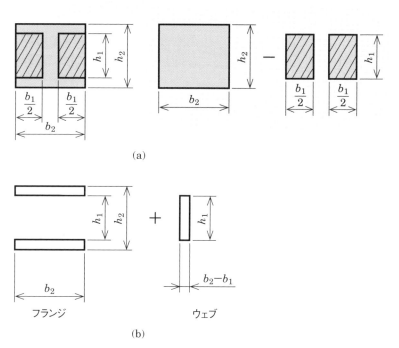

(a)

(b)

| 例題 1 | 図 4-12(a) のような図形において，図心を通る軸に関する断面二次モーメントを求めなさい． |

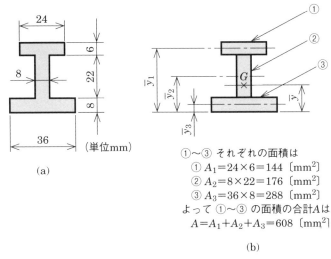

①～③ それぞれの面積は
① $A_1 = 24 \times 6 = 144$ 〔mm²〕
② $A_2 = 8 \times 22 = 176$ 〔mm²〕
③ $A_3 = 36 \times 8 = 288$ 〔mm²〕
よって ①～③ の面積の合計 A は
$A = A_1 + A_2 + A_3 = 608$ 〔mm²〕

(b)

▲図 4-12

方針

❶ 与えられた図形を長方形の要素に分割します．

❷ 式 (4.18) を用いて，図形全体の図心の位置を求めます．

❸ 式 (4.19) を用いて，それぞれの長方形部分の断面二次モーメントを計算します．

❹ 式 (4.20) を用いて，図形全体の断面二次モーメントを求めます．

解

　図 4-12(a) で与えられた図形を，図 4-12(b) のように分割します．図形の底面から分割した図形の図心までの距離 $\bar{y}_1$, $\bar{y}_2$, $\bar{y}_3$ は，それぞれ

$$\bar{y}_1 = 8 + 22 + \frac{6}{2} = 33 \text{〔mm〕}, \quad \bar{y}_2 = 8 + \frac{22}{2} = 19 \text{〔mm〕}$$

$$\bar{y}_3 = \frac{8}{2} = 4 \text{〔mm〕}$$

$\cdots (1)$

となります．式 (4.18) より，図形全体の図心までの距離 $\bar{y}$ は

$$\overline{y} = \frac{要素①の断面積 \times \overline{y}_1 + 要素②の断面積 \times \overline{y}_2 + 要素③の断面積 \times \overline{y}_3}{全体の断面積}$$

$$= \frac{144 \times 33 + 176 \times 19 + 288 \times 4}{608} = 15.21 \,(\text{mm}) \qquad \cdots (2)$$

となります．式(4.19)から，分割した長方形部分の断面二次モーメント I_1, I_2, I_3 は，それぞれ

$$I_1 = (33 - 15.21)^2 \times 144 + \frac{24 \times 6^3}{12} = 46\,006 \,(\text{mm}^4) \qquad \cdots\cdots (3)$$

$$I_2 = (19 - 15.21)^2 \times 176 + \frac{8 \times 22^3}{12} = 9\,627 \,(\text{mm}^4) \qquad \cdots\cdots (4)$$

$$I_3 = (4 - 15.21)^2 \times 288 + \frac{36 \times 8^3}{12} = 37\,727 \,(\text{mm}^4) \qquad \cdots\cdots (5)$$

となります．式(4.20)を用いて図形全体の断面二次モーメントを求めると，次のようになります．

$$I = I_1 + I_2 + I_3 = 46\,006 + 9\,627 + 37\,727 = 93\,360 \,(\text{mm}^4) \qquad \cdots\cdots (6)$$

材料力学の基礎：なるほど雑学

モノの形（3）

　板は断面二次モーメントが小さいため，曲げ剛性（ごうせい）が小さくなります．身近にあるもので曲げ変形に対する工夫がされているものを集めてみました．厚い材料を使わなくても，形状を工夫することにより剛性を大きくすることができます．

❶ 段ボール（**図1**参照）：紙は剛性が低いので，簡単に曲がります．そこで，図のような構造により断面二次モーメントを大きくしています．段ボールの断面を観察すると，用途に応じていろいろな種類があることに気付きます．

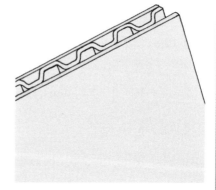

▲図1

❷ 波板（**図2**参照）：波状に
板を成型するだけで曲げ
剛性が大きくなります.

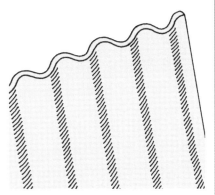

▲図2

❸ グレーチング（grating 格子
の意味）（**図3**参照）：溝
などのふたによく利用さ
れています. 上に重い荷
重がかかっても変形し難
い構造になっています.

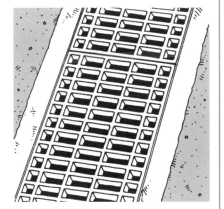

▲図3

❹ 電気製品（コーヒーメー
カー）の底（**図4**参照）：
金属材料をプレス成型す
るときに段状の形に成型
したり, 周囲を折り曲げた
りするだけで板の曲げ剛
性が増します.

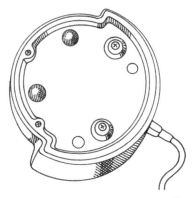

▲図4

❺ 自転車置き場の屋根（図
5 参照）：屋根の板はよく
見ると凹凸をつけて曲げ
剛性を大きくしてありま
す．

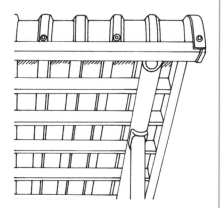

▲図 5

❻ マイクロメータのフレー
ム（図 6 参照）：フレーム
は一種の「曲がりはり」（軸
線が曲がっている）です．
フレームの断面は I 型で，
断面二次モーメントの値
にあまり影響を及ぼさな
い箇所（中立軸付近）に
穴をあけて軽量化してい
ます．

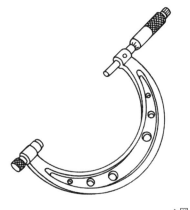

▲図 6

簡単にできる材料力学の実験（3）

　紙は**図1**のように簡単に変形します．ところが**図2**のように折り
曲げると，同じ材質でありながら驚くほど曲がり難くなります．前
述の波板と同じ状態になります．これは**図3**のように折り曲げると，
中立軸から離れたところに面積要素があり，断面二次モーメントが
大きくなるためです．このように，中立軸から離れたところに大き
な面積がある断面形状ほど，断面二次モーメントが大きくなります．
たとえば，同じ I 型断面である**図4**(a) と (b) とでは，複雑な計算を
しなくても $I_a > I_b$ になることを容易に理解できることでしょう．

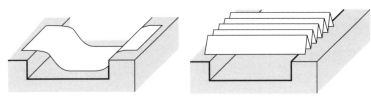

▲図1　紙を折り曲げない状態　　　　　▲図2　紙を折り曲げた状態

折り曲げると，中立軸から離れたところに面積要素があり，
断面二次モーメントが大きくなるので紙は曲がり難くなる

(a) 折り曲げない状態　　　　(b) 折り曲げた状態

▲図3　断面の形状

中立軸から遠方にある要素

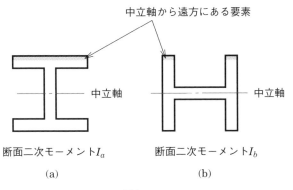

断面二次モーメントI_a　　　　断面二次モーメントI_b

(a)　　　　　　　　　　　(b)

▲図4

4.3 はりのたわみ（図3-5の手順❻）

はりは曲げを受けると，**図 4-13** のようにたわみます．曲げ変形後の軸線（断面の図心を軸方向につなげた線）を**たわみ曲線**といい，変形前の軸線とたわみ曲線のなす角を**たわみ角**といいます．荷重の大きさ P，はりの長さ l，曲げ剛性 EI（E：縦弾性係数，I：断面二次モーメント）のとき，最大たわみ角 $i_{\max}$ は次の形式で表されます．

$$i_{\max} = \alpha \frac{Pl^2}{EI} \qquad\qquad \cdots\cdots (4.25)$$

ここで，係数 α（アルファ）は表4-2のように，はりの種類と荷重の状態によって決まる係数です．また，はりの最大たわみ $\delta_{\max}$（デルタ）も，式(4.25)とよく似た次の形式で表されます．

$$\delta_{\max} = \beta \frac{Pl^3}{EI} \qquad\qquad \cdots\cdots (4.26)$$

任意の点Cが変形後にC′まで移動したとき，距離δをたわみという．

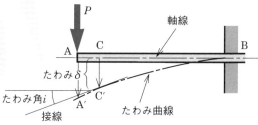

点C′での接線と，もとの軸線のなす角をたわみ角という

（a）たわみとたわみ角

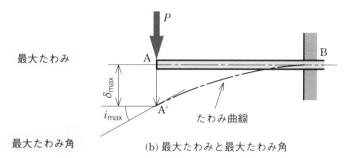

（b）最大たわみと最大たわみ角

▲図4-13　はりのたわみ

126

ここで，係数 β は表4-2のように，はりの種類と荷重の状態によって決まる係数です．

▼表4-2　はりのたわみ角とたわみ

はりの種類	係数 α	たわみ角が最大となる位置	係数 β	たわみが最大となる位置
片持はり，集中荷重	$\dfrac{1}{2}$	自由端	$\dfrac{1}{3}$	自由端
片持はり，等分布荷重	$\dfrac{1}{6}$	自由端	$\dfrac{1}{8}$	自由端
両端支持はり，集中荷重	$\dfrac{1}{16}$	両端	$\dfrac{1}{48}$	中央
両端支持はり，等分布荷重	$\dfrac{1}{24}$	両端	$\dfrac{5}{384}$	中央
両端固定はり，集中荷重	$\dfrac{1}{64}$	両端から $\dfrac{l}{4}$ の位置	$\dfrac{1}{192}$	中央
両端固定はり，等分布荷重	$\dfrac{\sqrt{3}}{216}$	両端から $0.211l$ の位置	$\dfrac{1}{384}$	中央

はりの断面寸法を決定する場合，強度面のほかに変形をある許容範囲に押さえなければならないことがあります．このようなときには，式 (4.26) から最大たわみが許容値以下になるように，断面形状を決めます．このとき，断面二次モーメントを大きくすれば，たわみは小さくなります．

例題 2 図 4-14 のような，両端支持はりの最大曲げ応力 σ_{max} と最大たわみ δ_{max} を求めなさい．ただし，縦弾性係数 $E = 206\text{GPa}$ とします．

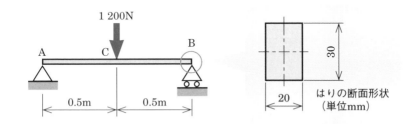

▲図 4-14

方針

❶ 表 4-1（p.114）から，断面二次モーメントと断面係数を求めます．
❷ BMD を描き，最大曲げモーメントを求めます．
❸ 式 (4.12) から，最大曲げ応力を求めます．
❹ 表 4-2（p.127）と式 (4.26) から，最大たわみを求めます．

解

　表 4-1 番号❶から，長方形の断面二次モーメント I と断面係数 Z は，それぞれ

$$I = \frac{bh^3}{12} = \frac{20 \times 10^{-3} \times (30 \times 10^{-3})^3}{12} = 4.5 \times 10^{-8} \ [\text{m}^4] \quad\quad \cdots\cdots (1)$$

$$Z = \frac{bh^2}{6} = \frac{20 \times 10^{-3} \times (30 \times 10^{-3})^2}{6} = 3 \times 10^{-6} \ [\text{m}^3] \quad\quad \cdots\cdots (2)$$

となります（断面の寸法を m に換算しています）．**図 4-15**(a)，(b) のように，分割面の位置を AC 間，CB 間に分けて考えると，区間 $0 \leqq x \leqq 0.5$ での曲げモーメント M_1 と区間 $0.5 \leqq x \leqq 1$ での曲げモーメント M_2 とは，それぞれ（モーメント＝距離×力）

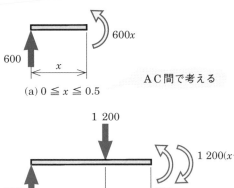

(a) $0 \leqq x \leqq 0.5$ AC間で考える

(b) $0.5 \leqq x \leqq 1$ CB間で考える

▲図4-15　曲げモーメント

$$M_1 = 600x \ \text{[Nm]}, \ \ M_2 = -600x + 600 \ \text{[Nm]} \qquad \cdots \cdots (3)$$

となります. 式(3)より, BMD を描くと**図 4-16** のようになり, 危険断面は $x = 0.5$ [m] で, 最大曲げモーメント $M_{\max} = 300$ [Nm] となります. 式(4.12)より, 最大曲げ応力 $\sigma_{\max}$ は

$$\sigma_{\max} = \frac{M_{\max}}{Z} = \frac{300}{3 \times 10^{-6}} = 100 \times 10^6 \ \text{[Pa]} \ = 100 \ \text{[MPa]} \qquad \cdots \cdots (4)$$

となります. 表4-2より, 両端支持はりの中央に集中荷重が作用する場合, 係数 $\beta = \dfrac{1}{48}$ を式(4.26)に代入します. 最大たわみ $\delta_{\max}$ は中央に生じ, 次のようになります.

$$\delta_{\max} = \beta \frac{Pl^3}{EI} = \frac{1}{48} \frac{1\,200 \times 1^3}{206 \times 10^9 \times 4.5 \times 10^{-8}} = 2.70 \times 10^{-3} \ \text{[m]} \qquad \cdots \cdots (5)$$

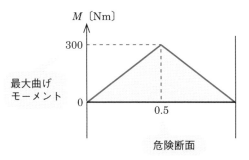

▲図4-16　BMD

例題 3 図 4-17 のような，片持はりの自由端 A でのたわみを求めなさい．ただし，縦弾性係数 $E = 206\text{GPa}$ とします．

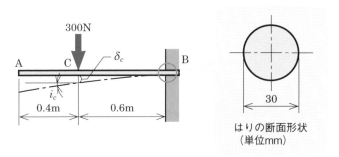

▲図 4-17

方針

❶ 表 4-1（p.114）から，断面二次モーメントを求めます．

❷ 表 4-2（p.127）と式 (4.26) から，C 点のたわみを求めます．

❸ 表 4-2 と式 (4.25) から，C 点のたわみ角を求め，AC が直線であることから A 点のたわみを求めます．

解

表 4-1 番号 5 から，円形の断面二次モーメント I は

$$I = \frac{\pi}{64} d^4 = \frac{\pi \times (30 \times 10^{-3})^4}{64} = 3.98 \times 10^{-8} \; [\text{m}^4] \qquad \cdots\cdots (1)$$

となります（断面の寸法を m に換算しています）．表 4-2 から，片持はり BC の C 点に集中荷重が作用する状態と考えて，係数 $\beta = \frac{1}{3}$，$l = 0.6$ を式 (4.26) に代入すると，C 点のたわみ δ_C は

$$\delta_C = \beta \frac{Pl^3}{EI} = \frac{1}{3} \frac{300 \times 0.6^3}{206 \times 10^9 \times 3.98 \times 10^{-8}} = 2.63 \times 10^{-3} \; [\text{m}] \quad \cdots\cdots (2)$$

となります．C 点で AC の部分が傾くことにより，A 点は下に移動します．表 4-2 から，得る係数 $\alpha = \frac{1}{2}$，$l = 0.6$ を式 (4.25) に代入すると，C 点のたわみ角 i_C は

$$i_C = \alpha \frac{Pl^2}{EI} = \frac{1}{2} \frac{300 \times 0.6^2}{206 \times 10^9 \times 3.98 \times 10^{-8}} = 6.58 \times 10^{-3} \; [\text{rad}] \quad \cdots\cdots (3)$$

となります．したがって，A 点のたわみは次のようになります．

$$\delta_A = \delta_C + i_C l_1 = 2.63 \times 10^{-3} + 6.58 \times 10^{-3} \times 0.4$$
$$= 5.26 \times 10^{-3} \; [\text{m}]$$

$$\cdots\cdots (4)$$

4.4 はりの強度設計

4.4.1 はりの断面形状

「曲げ応力が許容応力以下になるようにはりを設計すること」を考えてみましょう．このためには，式(4.12)をもとにして「曲げモーメント」と「断面形状」について考えなければなりません．念のために，もう一度式(4.12)を示しておきます．

$$\sigma_1 = \frac{M}{I}e_1 = \frac{M}{Z_1}, \quad \sigma_2 = -\frac{M}{I}e_2 = -\frac{M}{Z_2} \qquad \cdots\cdots (4.12)$$

はりに生じる曲げ応力は，式(4.12)より<u>曲げモーメントに比例</u>するので，危険断面（最大曲げモーメントが生じる断面）で最大曲げ応力が生じます．この危険断面は，破損する危険性が最も高い断面であるので，はりを設計する際に考慮しなければならない箇所です．

最大曲げモーメントがわかると，次に「曲げ応力が許容応力以下になるような断面係数」となる形状を決定します．断面積が大きくなると部材の重量が大きくなるので，結局「断面係数は大きく，断面積は小さくなる」ように断面形状を決めればよいことになります．

4.4.2 平等強さのはり

危険断面に生じる曲げ応力が許容応力以下になるように，はりの断面寸法をはり全体にわたって同じにすると不経済になります．そこで，曲げ応力が一定値になるように曲げモーメントに比例した断面係数のはりにすれば，はり全体にわたって平等な強さになります．このようなはりを平等強さのはりといいます．実際には，**図4-18**(a)三角板ばね，(b)重ね板ばねとして用いられています．

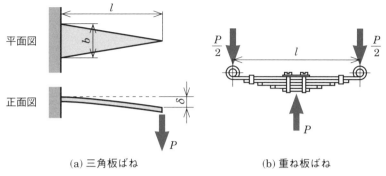

平面図

正面図

(a) 三角板ばね

(b) 重ね板ばね

▲図 4-18　平等強さのはり

4.4.3　集中荷重が作用する片持はり

　図 4-19(a) のように，集中荷重 P が作用する長方形断面の片持はりを考えましょう．自由端 A から距離 x にある分割面に生じる曲げモーメント M は

$$M = -Px \qquad\qquad \cdots\cdots (4.27)$$

となります（図 4-19(b) 参照）．表 4-1（p.114）より断面係数 Z は

$$Z = \frac{bh^2}{6} \qquad\qquad \cdots\cdots (4.28)$$

となります．したがって，自由端 A から x の位置における最大応力の絶対値 $|\sigma|$ は

$$|\sigma| = \frac{|M|}{Z} = 6P\,\frac{x}{bh^2} \qquad\qquad \cdots\cdots (4.29)$$

となります．式 (4.29) の中で $6P$ は一定値なので，曲げ応力を一定にするには残りの $\dfrac{x}{bh^2}$ を一定値にしなければなりません．このためには，幅 b か高さ h を x に従って変化させればよいことになります．したがって，次の 2 つの場合について考えてみます．

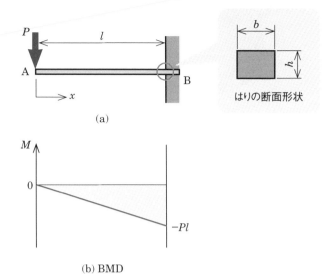

(a)

b

h

はりの断面形状

(b) BMD

▲図 4-19　集中荷重が作用する片持はり

❶ 幅を一定値 b_1 として高さ h を変化させる場合

式 (4.29) を高さ h について解くと，h は x の関数になり，

$$h(x) = \sqrt{\frac{6Px}{b_1|\sigma|}} \qquad \cdots\cdots (4.30)$$

と得られます．式 (4.30) において，高さ h は $\sqrt{x}$ の関数になるので，

$$h(x) = h_1\sqrt{\frac{x}{l}} \qquad \cdots\cdots (4.31)$$

と表します（**図 4-20**(a) 参照）．ここで h_1 は固定端での高さを表し（式 (4.31) に $x = l$ を代入すると $h(l) = h_1$），もし固定端の最大曲げ応力を許容応力 σ_a に選べば，h_1 は次のようになります．

$$h_1 = \sqrt{\frac{6Pl}{b_1\sigma_a}} \qquad \cdots\cdots (4.32)$$

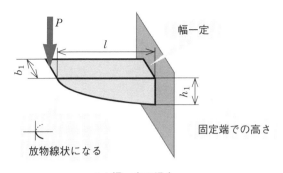

(a) 幅一定の場合

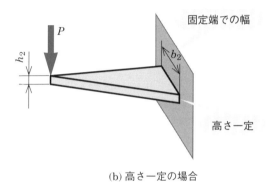

(b) 高さ一定の場合

▲図 4-20　平等強さのはり

❷ 高さを一定値 h_2 にして幅 b を変化させる場合

式 (4.29) を幅 b について解くと，b は x の関数になり，

$$b(x) = \frac{6Px}{h_2^2|\sigma|} \qquad \cdots\cdots (4.33)$$

と得られます．式 (4.33) において，幅 b は x の 1 次式になるので，

$$b(x) = b_2\frac{x}{l} \qquad \cdots\cdots (4.34)$$

と表します（図 4-20(b) 参照）．これが三角板ばね（図 4-18(a)）になります．ここで b_2 は固定端での幅を表し（式 (4.34) に $x = l$ を代入すると $b(l) = b_2$），もし固定端の最大曲げ応力を許容応力 σ_a に選べば，b_2 は次のようになります．

$$b_2 = \frac{6Pl}{h_2^2\sigma_a} \qquad \cdots\cdots (4.35)$$

実験 簡単にできる材料力学の実験（4）

プラスチック製の定規（30cm）を，図 1，2 のように支持して曲げてみましょう．**図 1** の場合では，断面二次モーメントが小さく曲がり易いのに対して，**図 2** の場合では，断面二次モーメントが大きく曲がり難くなります．同じ断面形状でも，曲げモーメントがどのように作用するかにより，断面二次モーメントが変わり，曲がり易さが異なります．たとえば，幅 40mm，厚さ 3mm の定規を図 1 のように曲げると，断面二次モーメント I と断面係数 Z はそれぞれ（表 4-1（p.114）番号❶参照）

$$I=\frac{40\times 3^3}{12}=90\ 〔\mathrm{mm}^4〕,\qquad Z=\frac{40\times 3^2}{6}=60\ 〔\mathrm{mm}^3〕\cdots\cdots(1)$$

となります．図 2 のように曲げると，断面二次モーメント I と断面係数 Z はそれぞれ

$$I=\frac{3\times 40^3}{12}=16\,000\ 〔\mathrm{mm}^4〕,\ Z=\frac{3\times 40^2}{6}=800\ 〔\mathrm{mm}^3〕\cdots(2)$$

となります．このように，曲げる方向によって I と Z の値は桁違いに変わります（断面積が同じでも，このように違いが出るのです）．材料の使用にあたっては，はりの断面係数が大きくなるような向きにすれば，はりは強くなります（大きな荷重に耐えられます）．断面二次モーメントが大きくなるようにすれば，はりは曲がり難くなります．

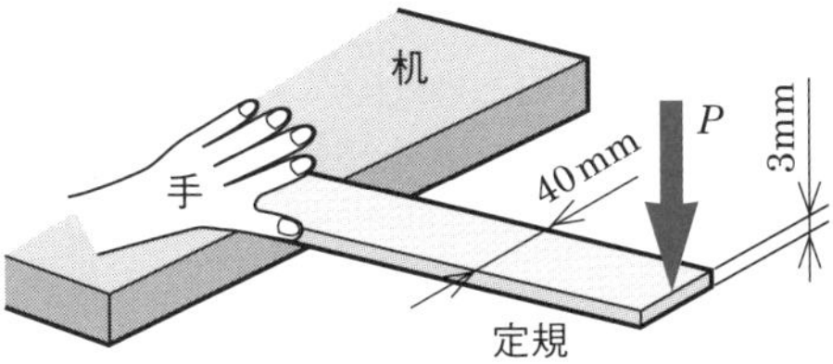

▲図1

定規　幅：40mm
　　厚さ：3mm

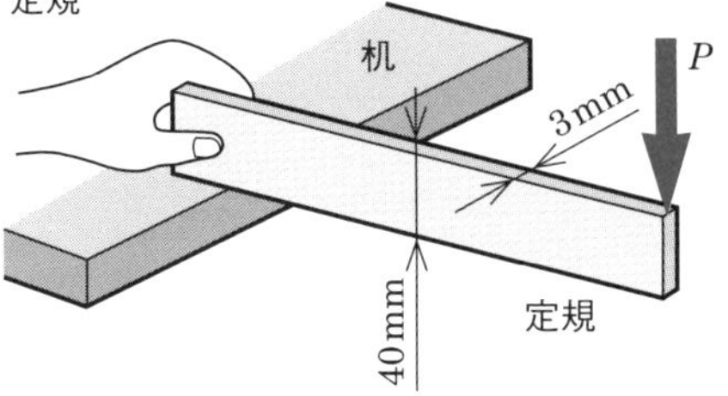

▲図2

4 はりの曲げ応力とたわみ

1 図1のような長方形断面の両端支持はりがあります．はりの許容引張り応力を 50MPa とするとき，はりの高さ h を求めなさい．

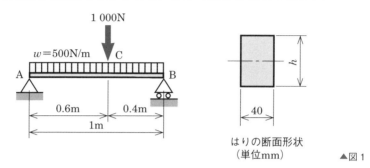

はりの断面形状
（単位mm）

▲図1

2 図2のような片持はりがあります．断面を (a), (b) のようにしたとき，それぞれの最大曲げ応力を比較しなさい．

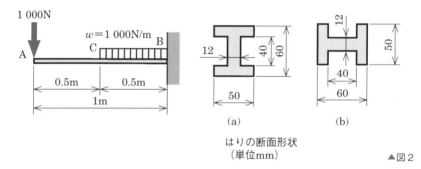

はりの断面形状
（単位mm）

▲図2

3 図3のような断面形状の軟鋼製片持はりがあります．自由端 A でのたわみを求めなさい．ただし，軟鋼の縦弾性係数 $E = 206\mathrm{GPa}$ とします．

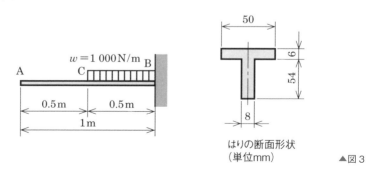

はりの断面形状
（単位mm）

▲図3

第 5 章

軸のねじり

ポイント

　ねじりモーメント（トルク）T で軸をねじると，中心から距離 r の位置でねじり応力 $\tau = \dfrac{T}{I_p} r$ が生じます．長さ l の軸のねじれ角（軸がねじれた角度）は，$\theta = \dfrac{Tl}{GI_p}$ から求められます．ここで，I_p は断面二次極モーメントで，丸棒の場合 $I_p = \dfrac{\pi}{32} d^4$ となります．これらの式を組み合わせて，許容せん断応力 τ_a から軸径 d を決めると，$d = \sqrt[3]{\dfrac{16T}{\pi \tau_a}}$ となります．また，許容ねじれ角 θ_a から軸径を決めると，$d = \sqrt[4]{\dfrac{32T}{\pi G \theta_a}}$ となります（G：せん断弾性係数）．全ての式中にトルク T が含まれています．つまり，断面二次極モーメント（断面形状）とトルクが「ねじりの問題」を解くキーワードになります．

　伝動軸で動力を伝える場合には，<u>動力 H ＝トルク T ×角速度 ω</u> の関係からトルク T を求めることによって，軸を設計することができます．

5.1 丸棒のねじり

5.1.1 ねじり応力

　ねじりを受ける棒状の物体を軸（シャフト：shaft）といい，この軸に加えるモーメントをねじりモーメントまたはトルクといいます. ねじりモーメントは，図5-1(a)のように，半径rの車輪の一端に力Fが接線方向に作用すると，$T = rF$となります. また，図5-1(b)のように2個所に力が作用すれば，それぞれ反時計回りに回ろうとするモーメントになるので$T = 2rF$となります. 図5-1(c)のように，ベルトによりトルクが作用する場合には，ベルトに生じる張力$F_1, F_2 (F_1 > F_2)$の差によるモーメント$T = r(F_1 - F_2)$となります. このように，軸に対して力を加えるとねじりモーメントが生じます. 実は軸の内部では，このねじりモーメントによってねじり応力が生じているのです.

　それでは，ねじり応力について学習していきましょう.

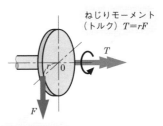

ねじりモーメント（トルク）$T = rF$

接線方向の力

(a) 半径rの車輪の一端に力Fが接線方向に作用

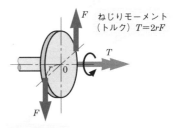

接線方向の力

ねじりモーメント（トルク）$T = 2rF$

接線方向の力

(b) 2ヶ所に力Fが作用する場合

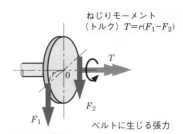

ねじりモーメント（トルク）$T = r(F_1 - F_2)$

ベルトに生じる張力

ベルトに生じる張力

(c) ベルトによりトルクが作用する場合

▲図5-1　ねじりモーメント

■ねじり応力とは

図 5-2(a) に示すように，長さ l，半径 r の円形断面の軸両端にねじりモーメント T を加えることによってねじる状態を考えてみましょう．このとき，軸の母線 AB は AB′ へと変形し，図中の角度 θ を**ねじれ角**といいます．この軸の円筒表面を展開すると，図 5-2(b) のように，ねじりモーメントにより辺 BB は B′B′ へと変形しています．

さて前章までに解説したように，材料には引張り変形，曲げ変形に対して，それぞれ引張り応力，曲げ応力が生じています．一方，「ねじり」に関しても同様に，図 5-2(b) に示す変形によりせん断応力が生じ，これを**ねじり応力**といいます．

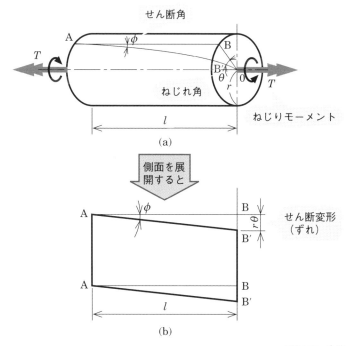

▲図 5-2　丸棒のねじり

ねじり応力を学習する前に，1 章の 1.1.4 節「せん断ひずみ」を読み返してください．いかがですか．円筒表面を展開した図 5-2(b) の変形はせん断変形ですね．まず，このせん断変形を式で表してみましょう．式 (1.5)，(1.6) より，せん断ひずみ $\overset{\text{ガンマ}}{\gamma}$ とねじれ角 $\overset{\text{シータ}}{\theta}$，せん断角 $\overset{\text{ファイ}}{\phi}$ との間には次のよ

うな関係があります.

$$せん断ひずみ = \frac{ずれ}{高さ} \quad より$$

$$\gamma = \frac{\lambda}{l} = \tan\phi = \frac{BB'}{AB} = \frac{BB'}{l} = \frac{r\theta}{l} \cong \phi \qquad \cdots\cdots (5.1)$$

この式にせん断応力τとせん断ひずみγとの関係（フックの法則，式(1.8)）を適用すると，

$$せん断応力 = せん断弾性係数 \times せん断ひずみ \quad より$$

$$\tau = G\gamma = G\phi = G\frac{r\theta}{l} \qquad \cdots\cdots (5.2)$$

が得られます．ここで，Gはせん断弾性係数を表しています．式(5.2)から，せん断応力は中心Oからの距離rに比例して**図5-3**のように分布することがわかります．このせん断応力τが「ねじり応力」であって，外周で最大になります．

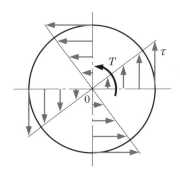

ねじり応力 τ（せん断応力）
・中心0からの距離に比例して分布
・外周で最大
・中心部でゼロ

▲図5-3　ねじり応力（せん断応力）

4章で学習した「はりの曲げ」と同様に「軸のねじり」に関しても，材料内に生じる応力は，断面の形状に左右されます（形状が違えば応力の大きさも違ってくる）．そして「はりの曲げ応力」の解析で定義した「断面二次モーメント」，「断面係数」と同じように考えると，「軸のねじり」の解析は「断面二次極モーメント」，「極断面係数」を用いて定式化できます．では詳しくみていくことにしましょう．

■ねじり応力 τ とねじりモーメント T の関係

まず，軸に作用するねじりモーメントTと，生じるねじり応力τとの

関係を考えてみましょう。**図 5-4**(a) のように、軸の断面をリング状の要素に分けて、このうちの1つとして中心から r_i の距離に i 番目の要素の面積 ΔA_i を考えます。さらに、このリング状の要素を図 5-4(b) のように、円周方向に m 等分割して1つの要素の面積を Δa_i とします（したがって、$\Delta A_i = m\Delta a_i$ となります）。この要素 Δa_i に生じるせん断応力 τ_i により、軸の中心回りにねじりモーメントが生じます。Δa_i の要素に生じる内力 Δf_i は

$$\Delta f_i = (応力) \times (断面積) = \tau_i \Delta a_i \qquad \cdots\cdots (5.3)$$

となります。リング状要素 ΔA_i に生じるねじりモーメント ΔT_i は、Δf_i により生じるモーメント（微小要素 Δa_i に生じるモーメント）$r_i \Delta f_i$ を、周方向に合計することにより得られるので、次のようになります。

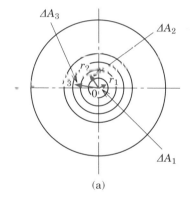

軸の断面を
リング状要素に分割

(a)

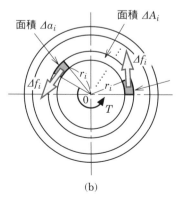

リング状要素を m 等分
$\Delta A_i = m\Delta a_i$

面積 Δa_i

ΔA_i に生じるねじりモーメント ΔT_i
$\Delta T_i = mr_i\Delta f_i$

黒い網かけ部分（■）
の1つの要素に生じる
モーメント

要素の個数

(b)

▲図 5-4

$$\Delta T_i = (距離 = 半径) \times (力) = m \times (r_i \Delta f_i) \qquad \cdots\cdots (5.4)$$

式 (5.4) に式 (5.3) を代入すると

$$\Delta T_i = mr_i \times (\tau_i \Delta a_i) = r_i \tau_i (m \Delta a_i) = r_i \tau_i \Delta A_i \qquad \cdots\cdots (5.5)$$

ここで，掛け算の順序を変えると，$(m \Delta a_i)$ すなわち ΔA_i で整理できるわけです．このリング状の要素に作用するねじりモーメント ΔT_i を，断面積全体にわたって加え合わせたものが断面全体に作用するねじりモーメント T となります．

$$T = \sum \Delta T_i = r_1 \tau_1 \Delta A_1 + r_2 \tau_2 \Delta A_2 + \cdots \qquad \cdots\cdots (5.6)$$

さらに，式 (5.2) を用いて τ を消去すると，

$$T = \sum r_i \tau_i \Delta A_i = \frac{G\theta}{l} \sum r_i^2 \Delta A_i \qquad \cdots\cdots (5.7)$$

となります．ここで，$\sum r_i^2 \Delta A_i$ は断面形状により一定値になるので記号 I_p で表します．前述したように，4 章で学習したこととよく似ていますね．さて，この I_p を断面二次極モーメントといい，断面のねじり特性を表す係数と考えることができます．この断面二次極モーメントは力学的条件や材質とは無関係に，はりの断面形状だけで決まる幾何学的な量です．したがって，式 (5.7) は

$$T = \frac{G\theta}{l} \sum r_i^2 \Delta A_i = \frac{G\theta}{l} I_p = G \bar{\theta} I_p \qquad \cdots\cdots (5.8)$$

となります．ここで，$\bar{\theta} = \dfrac{\theta}{l}$ は単位長さあたりのねじれ角であって，これを比ねじれ角といいます．式 (5.2) を用いて式 (5.8) 中の $\bar{\theta}$ を消去すると

$$\text{ねじり応力} = \frac{\text{ねじりモーメント} \times \text{中心からの距離}}{\text{断面二次極モーメント}} \qquad \tau = \frac{T}{I_p} r \quad \cdots (5.9)$$

を得ます．すなわち，ねじり応力は中心からの距離に比例し，軸の外周で最大応力が生じます．この最大応力 $\tau_{\max}$ を

$$\tau_{\max} = \frac{T}{Z_p} \qquad \cdots\cdots (5.10)$$

と表します．ここで，$Z_p = \dfrac{I_p}{r}$ $\left(r = \dfrac{d}{2}:半径\right)$ で，Z_p を極断面係数といいます．

「はりの曲げ」と「軸のねじり」の比較

この章での理論の展開は，「はりの曲げ」とよく似ています．

	はりの曲げ	軸のねじり
・断面を微小要素に分ける	中立軸に平行な要素	リング状の要素（リング状要素をさらに円周方向に m 等分した要素）
・微小要素に生じる内力を求める	$\Delta P_i = \sigma_i \Delta A_i$	$\Delta f_i = \tau_i \Delta a_i$
・モーメントを求める	$\Delta M_i = y_i \Delta P_i$	$\Delta T_i = r_i (m \Delta f_i)$
・断面積全体のモーメントを求める	$M = \sum_i \Delta M_i$	$T = \sum_i \Delta T_i$
・断面形状だけで決まる部分を新しい文字で置き換える．	$I = \sum_i y_i^2 \Delta A_i$	$I_p = \sum_i r_i^2 \Delta A_i$
・曲げ（ねじり）応力の公式	$\sigma = \dfrac{M}{I} y$	$\tau = \dfrac{T}{I_p} r$
・最大曲げ（ねじり）応力	$\sigma_{\max} = \dfrac{M}{Z}$	$\tau_{\max} = \dfrac{T}{Z_p}$

考え方の共通点とそれぞれの問題の違いとを理解しておきましょう．

軸のねじり

5.1.2 断面二次極モーメントとねじりの断面係数

「軸のねじり」は4章の「はりの曲げ」によく似ていますね．断面二次モーメント，断面係数と同様に，断面二次極モーメント，極断面係数も断面形状によって値が決まっています（p.145，表5-1参照）．

ちなみに，断面二次曲モーメントを I_p，極断面係数を Z_p と表現していますが，添え字の p は極（polar）という意味です．

　さて次に，断面二次極モーメントの値を求めてみましょう．**図 5-5** のように，微小面積 ΔA_i をとり，x 軸に関する断面二次モーメントと y 軸に関する断面二次モーメントをそれぞれ，I_x と I_y とします．断面二次極モーメント I_p は次のように変形できます．

$$
\begin{aligned}
I_p &= \sum r_i^2 \Delta A_i \qquad\qquad \text{三平方の定理より} \left(x_i^2 + y_i^2 = r_i^2 \right) \\
&= \sum \left(x_i^2 + y_i^2 \right) \Delta A_i \\
&= \sum x_i^2 \Delta A_i + \sum y_i^2 \Delta A_i \qquad\qquad\qquad \cdots\cdots(5.11) \\
&= I_y + I_x
\end{aligned}
$$

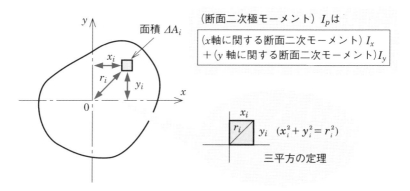

▲図5-5　断面二次極モーメントと断面二次モーメント

　円形断面の場合，$I_y = I_x = \dfrac{\pi}{64} d^4$ なので（p.114，表 4-1 番号❺参照），式(5.11) は

$$
I_p = 2 I_y = \frac{\pi}{32} d^4 \qquad (d：直径) \qquad\qquad \cdots\cdots(5.12)
$$

となります．つまり丸棒の断面二次極モーメント I_p は，断面二次モーメントの 2 倍ということです．また，極断面係数 Z_p の値は

$$
Z_p = \frac{I_p}{r} = \frac{I_p}{\dfrac{d}{2}} = \frac{\dfrac{\pi}{32} d^4}{\dfrac{d}{2}} = \frac{\pi d^3}{16} \qquad (r：半径) \qquad\qquad \cdots\cdots(5.13)
$$

となります．また，**図 5-6** のような中空丸棒（d_1：内径，d_2：外径）の断面二次極モーメント I_p は，外側の円に関する断面二次極モーメント I_{p2}

から内側の円に関する断面二次極モーメント I_{p1} を差し引くことにより得られ

$$I_p = I_{p2} - I_{p1} = \frac{\pi}{32}\left(d_2^4 - d_1^4\right) \qquad \cdots\cdots (5.14)$$

となります．極断面係数 Z_p は

$$Z_p = \frac{I_p}{r} = \frac{I_p}{\frac{d_2}{2}} = \frac{\frac{\pi}{32}\left(d_2^4 - d_1^4\right)}{\frac{d_2}{2}} = \frac{\pi\left(d_2^4 - d_1^4\right)}{16 d_2} \qquad \cdots\cdots (5.15)$$

となります．以上をまとめると**表 5-1** のようになります．

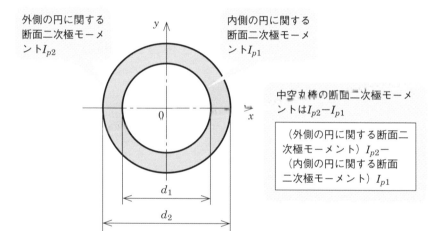

外側の円に関する断面二次極モーメントI_{p2}

内側の円に関する断面二次極モーメントI_{p1}

中空丸棒の断面二次極モーメントは$I_{p2} - I_{p1}$

（外側の円に関する断面二次極モーメント）I_{p2} －（内側の円に関する断面二次極モーメント）I_{p1}

▲図 5-6　中空丸棒の断面二次極モーメント

▼表 5-1　中実丸棒と中空丸棒の断面二次極モーメントと極断面係数

断面形状	断面二次極モーメント I_p	極断面係数 Z_p	最大ねじり応力 $\tau_{\max} = \dfrac{T}{Z_p}$
中実丸棒	$\dfrac{\pi}{32}d^4$	$\dfrac{\pi d^3}{16}$	$\dfrac{16T}{\pi d^3}$
中空丸棒	$\dfrac{\pi}{32}(d_2^4 - d_1^4)$	$\dfrac{\pi(d_2^4 - d_1^4)}{16 d_2}$	$\dfrac{16 d_2 T}{\pi(d_2^4 - d_1^4)}$

さらに進んで勉強する人へ

円形断面の断面二次極モーメントの値 $\frac{\pi}{32}d^4$ を覚えておくとよいでしょう. 解説では, 式 (5.11) の関係を用いることによって, この値 $\frac{\pi}{32}d^4$ を断面二次モーメントから導きました. しかし, 実際には断面二次モーメントを求める計算が複雑になるために, 断面二次極モーメントの値から断面二次モーメントの値 $\frac{\pi}{64}d^4$ を導きます.

断面二次極モーメントは積分を用いると

$$I_p = \sum r_i^2 \varDelta A_i = \int_A r^2 \, dA \qquad\qquad \cdots\cdots(1)$$

のように表せます. **下図**のように (リング状の) dA をとると, 式 (1) は簡単に積分できて

$$I_p = \int_0^{d/2} r^2 \cdot 2\pi r \, dr = \frac{2\pi}{4}\big[r^4\big]_0^{d/2} = \frac{\pi}{32}d^4 \qquad \cdots\cdots(2)$$

が得られます. 表 4-1 (p.114) 番号❺の断面二次モーメントの値は, 式 (2) の値を半分にして得たものです.

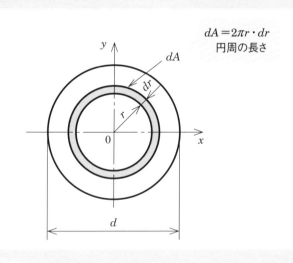

$$dA = 2\pi r \cdot dr$$
円周の長さ

例題 1 　直径 20mm の中実丸棒と, 同じ材質, 長さ, 重量の中空丸棒の, 断面二次極モーメントと極断面係数の値を比較しなさい. ただし, 中空丸棒の内外径比を $\frac{3}{5}$ とします.

方針

❶ 問題の条件から「中実丸棒と中空丸棒の断面積が等しい」ことがわかります．このことから中空丸棒の内径と外径を求めます．

❷ 式 (5.12)〜式 (5.15) を用いて，断面二次極モーメントと極断面係数を求めます．

解

中空丸棒の外径を d_2（内径：$\frac{3}{5}d_2$）とします．中実丸棒の断面積と中空丸棒の断面積が等しいので，次の関係が成立します．

$$\underbrace{\frac{\pi}{4}\times\left(20\times10^{-3}\right)^2}_{\text{中実丸棒の断面積}}=\underbrace{\frac{\pi}{4}\times\left(d_2^2-\left(\frac{3d_2}{5}\right)^2\right)}_{\text{中空丸棒の断面積}} \qquad \cdots\cdots (1)$$

式 (1) を解くと，外径 d_2 は

$$\frac{16}{25}d_2^2=\left(20\times10^{-3}\right)^2 \quad \text{つまり} \quad d_2=25\times10^{-3}\,(\mathrm{m}) \qquad \cdots\cdots (2)$$

となります．内外径比が $\frac{3}{5}$ より，内径 d_1 を求めると

$$d_1=\frac{3}{5}d_2=15\times10^{-3}\,(\mathrm{m}) \qquad \cdots\cdots (3)$$

となります．中実丸棒の断面二次極モーメント I_p と極断面係数 Z_p は，式 (5.12)，(5.13) から，それぞれ

$$I_p=\frac{\pi}{32}d^4=\frac{\pi\times\left(20\times10^{-3}\right)^4}{32}=1.57\times10^{-8}\,(\mathrm{m}^4) \qquad \cdots\cdots (4)$$

$$Z_p=\frac{\pi d^3}{16}=\frac{\pi\times\left(20\times10^{-3}\right)^3}{16}=1.57\times10^{-6}\,(\mathrm{m}^3) \qquad \cdots\cdots (5)$$

となります．中空丸棒の断面二次極モーメント I_p と極断面係数 Z_p は，式 (5.14)，(5.15) から，それぞれ次のようになります．

$$I_p=\frac{\pi}{32}\left(d_2^4-d_1^4\right)=\frac{\pi\times\left(\left(25\times10^{-3}\right)^4-\left(15\times10^{-3}\right)^4\right)}{32}=3.34\times10^{-8}\,(\mathrm{m}^4)$$
$$\cdots\cdots (6)$$

$$Z_p=\frac{\pi\left(d_2^4-d_1^4\right)}{16d_2}=\frac{\pi\times\left(\left(25\times10^{-3}\right)^4-\left(15\times10^{-3}\right)^4\right)}{16\times25\times10^{-3}}=2.67\times10^{-6}\,(\mathrm{m}^3)$$
$$\cdots\cdots (7)$$

したがって，費用の点を無視すれば中空丸棒のほうが中実丸棒より I_p，

Z_p 共に大きく，軸に適した断面形状であると考えられます．

5.1.3 軸の設計

ねじりモーメント T が設定されている状況で軸を設計する場合（軸径の決定）には，次のように2通りの考え方があります．

❶軸に生じるねじり応力が許容値以下になるように強度の観点から設計する場合

中実丸棒

軸に生じる最大ねじり応力 τ_{max} は，式 (5.10) より

$$\tau_{max} = \frac{T}{Z_p} \quad (T：ねじりモーメント，Z_p：極断面係数) \quad \cdots\cdots (5.10)$$

となり，中実丸棒の場合，極断面係数 $Z_p = \dfrac{\pi d^3}{16}$（表 5-1 参照）となります．この最大ねじり応力 τ_{max} を許容せん断応力 τ_a 以下に設計するので，

$$\tau_{max} = \frac{T}{Z_P} = \frac{16T}{\pi d^3} \leqq \tau_a \qquad\qquad \cdots\cdots (5.16)$$

となります．式 (5.16) を軸径 d について解くと

$$d \geqq \sqrt[3]{\frac{16T}{\pi \tau_a}} \qquad\qquad \cdots\cdots (5.17)$$

を得ます．つまり，式 (5.17) により最小直径を求めることができます．

中空丸棒

中空丸棒（内径 d_1，外径 d_2，内外径比 $n = \dfrac{d_1}{d_2}$）の場合，最大ねじり応力 τ_{max} は表 5-1 から求められ，この最大ねじり応力を許容せん断応力 τ_a 以下に設計するので，

$$\tau_{max} = \frac{16 d_2 T}{\pi \left(d_2^4 - d_1^4\right)} \leqq \tau_a \qquad\qquad \cdots\cdots (5.18)$$

となります．式 (5.18) を外径 d_2 について解くと

$$d_2 \geqq \sqrt[3]{\frac{16T}{\pi \left(1 - n^4\right) \tau_a}} \qquad\qquad \cdots\cdots (5.19)$$

となり，最小径を得ます．内径 d_1 は，外径 d_2 と内外径比 n から得られます．

❷ 軸のねじれ角が許容値以下になるように変形をもとに設計する場合

中実丸棒

比ねじれ角 $\overline{\theta}$ とねじりモーメント T の関係は，式 (5.8) より

$$\overline{\theta} = \frac{T}{GI_p} \quad (G：せん断弾性係数，I_p：断面二次極モーメント)$$

$$\cdots\cdots (5.20)$$

となります．式 (5.20) から比ねじれ角 $\overline{\theta}$ は，ねじりモーメント T に比例して，GI_p に反比例します．つまり，GI_p は「ねじりに対する変形抵抗の大きさを表す」ので，ねじり剛性と呼ばれています（曲げ剛性 EI と比較すると，「曲げ」と「ねじり」の類似性に気がつきます）．

中実丸棒の場合，断面二次極モーメント $I_p = \frac{\pi}{32} d^4$（表 5-1 参照）となります．式 (5.20) で得られる比ねじれ角 $\overline{\theta}$ が，許容比ねじれ角 $\overline{\theta}_a$ 以下になるように設計するので，

$$\overline{\theta} = \frac{T}{GI_p} = \frac{32\,T}{G\pi d^4} \leqq \overline{\theta}_a \qquad\qquad \cdots\cdots (5.21)$$

となります．式 (5.21) を軸径 d について解くと

$$d \geqq \sqrt[4]{\frac{32\,T}{\pi G \overline{\theta}_a}} \qquad\qquad \cdots\cdots (5.22)$$

を得ます．つまり，式 (5.22) により最小直径を求めることができます．

中空丸棒

中空丸棒（内径 d_1，外径 d_2，内外径比 $n = \dfrac{d_1}{d_2}$）の場合，断面二次極モーメントは $I_p = \frac{\pi}{32}\left(d_2^4 - d_1^4\right)$（表 5-1 参照）となります．この断面二次極モーメントの値を式 (5.20) に代入して，$\overline{\theta}$ を許容比ねじれ角 $\overline{\theta}_a$ 以下にすると，

$$\overline{\theta} = \frac{T}{GI_p} = \frac{32\,T}{G\pi\left(d_2^4 - d_1^4\right)} \leqq \overline{\theta}_a \qquad\qquad \cdots\cdots (5.23)$$

となります．式 (5.24) を外径 d_2 について解くと

$$d_2 \geqq \sqrt[4]{\frac{32\,T}{\pi\left(1 - n^4\right)G\overline{\theta}_a}} \qquad\qquad \cdots\cdots (5.24)$$

内径 d_1 は，外径 d_2 と内外径比 n から得られます．

以上をまとめると**表 5-2**のようになります.

▼表 5-2　中実丸棒と中空丸棒の軸径

断面形状	強度をもとにした設計	変形をもとにした設計
中実丸棒	$d \geqq \sqrt[3]{\dfrac{16T}{\pi \tau_a}}$	$d \geqq \sqrt[4]{\dfrac{32T}{\pi G \theta_a}}$
中空丸棒	$d_2 \geqq \sqrt[3]{\dfrac{16T}{\pi (1-n^4) \tau_a}}$	$d_2 \geqq \sqrt[4]{\dfrac{32T}{\pi (1-n^4) G \theta_a}}$

例題 2　2 000Nm のねじりモーメントを受ける軸の,最小直径とこの
ときのねじれ角を求めなさい.ただし,軸の長さ 1m,許容せ
ん断応力を 40MPa,せん断弾性係数 80GPa とします.

方針

❶ 式 (5.17) から,軸径を求めます.

❷ 式 (5.12) から,この軸の断面二次極モーメントを求めます.

❸ 式 (5.8) から,ねじれ角を求めます.

解

　軸径 d は,式 (5.17) より

$$d \geqq \sqrt[3]{\frac{16\,T}{\pi \tau_a}} = \sqrt[3]{\frac{16 \times 2\,000}{\pi \times 40 \times 10^6}} = 6.34 \times 10^{-2}\ (\text{m})\ = 63.4\ (\text{mm}) \cdots (1)$$

となります.断面二次極モーメントは,式 (1) の値を式 (5.12) に代入する
ことにより

$$I_p = \frac{\pi}{32}\,d^4 = \frac{\pi \times \left(6.34 \times 10^{-2}\right)^4}{32} = 1.59 \times 10^{-6}\ (\text{m}^4) \qquad \cdots \cdots (2)$$

となります.ねじれ角は,式 (2) の値を式 (5.8) に代入することにより次
のようになります.

$$\theta = \frac{T\,l}{G\,I_p} = \frac{2\,000 \times 1}{80 \times 10^9 \times 1.59 \times 10^{-6}} = 1.57 \times 10^{-2}\ (\text{rad})\ = 0.90^\circ$$
$$\cdots (3)$$

5.2 伝動軸

　回転しながら，ねじりモーメントによって仕事を伝達する軸を伝動軸といいます．トルク T，角速度 ω で伝達される単位時間あたりの仕事量を動力 H といい，

> **動力＝トルク×角速度　　$H = T\omega$**　　　　　　　$\cdots\cdots$ (5.25)

で表されます．

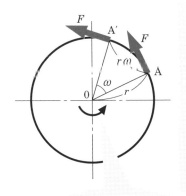

> F ：点Aに作用する力
> ω ：角速度
> $r\omega$：点Aの単位時間あたりの移動距離
>
> 力 F がした単位時間あたりの仕事 H
> ＝(力)×(単位時間あたりの移動距離)
> ＝$F \times (r\omega)$
> ＝$Fr \times \omega$
> 　　　　　　角速度
> 　　トルク（ねじりモーメント）
> ＝$T\omega$

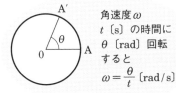

角速度 ω
t 〔s〕の時間に
θ 〔rad〕回転
すると
$\omega = \dfrac{\theta}{t}$ 〔rad/s〕

▲図 5-7

　図 5-7のように，点 A に力 F が作用して半径 r の軸が回転して単位時間に A′ まで移動したとします．角速度 ω とすると，点 A の単位時間あたりの移動距離は $r\omega$ となります．点 A に作用する力 F がした単位時間あたりの仕事は「(力)×(単位時間あたりの移動距離)」なので，

$$\text{単位時間あたりの仕事} = F \times \overset{\frown}{AA'} = F \times (r\omega) \qquad \cdots\cdots (5.26)$$

となります．これを「$(Fr) \times \omega$」と表せば（Fr はトルク（ねじりモーメント）T ですね），動力 H（単位時間あたりの仕事）は「トルク $T \times$ 角速度 ω」で得られることが理解できます．動力の単位は単位時間あたりの仕事なので J/s となりますが，これを新たに W（ワット）と表します．角速度は 1 秒〔s〕あたりの回転角〔rad〕で表しますが，原動機の場合には 1 分あたりの回転数 r.p.m.（revolutions per minute）がしばしば用いられます．角速度 ω と 1 分あたりの回転数 n との関係は次のようになります．

$$\omega = \frac{2\pi n}{60} \qquad\qquad\qquad \cdots\cdots (5.27)$$

　動力はトルクと角速度との積なので，どちらかを大きくすれば大きな動力を得ることができます．たとえば，大型トラックでは大きなトルクを，F1 レーシングカーでは高速回転を発生させる原動機が必要になります．両者はいずれも高出力の原動機ですが，それぞれの特性が全く異なります．したがって，このような原動機に接続される軸も全く異なります．大きなトルクを伝える軸は式 (5.17) から軸径が大きくなります．同じ動力でも，高速回転する軸ではトルクが小さくなるので軸径を小さくしてもよいのです．

材料力学の基礎：なるほど雑学

馬力（horsepower）

　SI 単位では動力の単位は W（ワット）ですが，かなり長い間 PS（馬力）を用いていました．1 馬力〔PS〕=735〔W〕です．現在では計量法により仕事率の単位を〔W〕で表示することになっています．

　仕事率の単位〔ワット〕は，蒸気機関の発明で有名なイギリス人ジェームス・ワットにちなんでいます．ワットは蒸気機関の性能を表示するために，当時動力源として用いられていた馬の仕事率を測定して 1 馬力を定義しています．彼は半径 12 フィート（約 3.66m）の円周に沿って馬を歩かせると，力 175 重量ポンド（約 79.4kgf）で 1 分間に 2.5 回転することを測定しました．このことから，馬 1 頭の仕事率は毎秒 550 フィート・ポンドであることを

得て，これを 1HP（英馬力）としました．これがメートル法を採用
しているフランスに渡り，メートル法で近い値となる 75kgf・m/s
を 1PS（仏馬力）としました．英馬力と仏馬力との違いは，イギ
リスとフランスの馬の「馬力」の違いではなかったわけです．

　仕事率の単位をワットが定義した「馬力」をやめて，彼自身の
名前「ワット」を用いるようになったことには興味深いものがあり
ます．最近は馬車を見かけなくなったので，電球で馴染みのある
「ワット」を用いて，自動車の動力を表してもあまり抵抗がないの
かもしれませんね．

| 例題 3 | 毎分 400 回転で 200kW の動力を伝えることができる長さ 1m の中実丸棒の最小直径を求めなさい．ただし，許容せん断応力を 25MPa とします．また，せん断弾性係数 82GPa のときのねじれ角を求めなさい． |

　次に同じ動力を毎分 800 回転に変えて伝えるとき，最小直径
を求めて両者を比較しなさい．

方針

❶ 動力と角速度，トルクの関係から軸に作用するトルク（ねじりモーメ
ント）を求めます．

❷ 式 (5.17) から，軸径を求めます．

❸ 式 (5.8) から，ねじれ角を求めます．

解

　伝動軸の問題なので，軸径を求めるには動力とトルク，角速度の関係
式を用います．式 (5.25) より，動力 H とトルク T，角速度 ω の関係は

$$H = T\omega \qquad (\omega = \frac{2\pi n}{60}) \qquad\qquad \cdots\cdots (1)$$

なので，「毎分 400 回転」の場合には，

$$200 \times 10^3 = \frac{2\pi \times 400}{60} T \qquad\qquad \cdots\cdots (2)$$

となります．式 (1) を解くとトルクは次のようになります．

$$T = \frac{15 \times 10^3}{\pi} \,〔\mathrm{Nm}〕 \qquad\qquad \cdots\cdots (3)$$

このトルクの値と，許容せん断応力 $\tau_a = 25$ 〔MPa〕を，式 (5.17) に代入して軸径 d を決めると，次のようになります．

$$d \geqq \sqrt[3]{\frac{16\,T}{\pi\,\tau_a}} = \sqrt[3]{\frac{16 \times 15 \times 10^3}{\pi^2 \times 25 \times 10^6}} = 9.91 \times 10^{-2} \ \text{〔m〕} = 99.1 \ \text{〔mm〕} \quad \cdots (4)$$

ここまでの計算により，強度をもとに軸径を決定できました．次の問いは「ねじれ角を求めよ」というもので，得られた軸径をもとに変形を調べなければなりません．そこで，この軸の断面二次極モーメントを式 (5.12) から求めておきます．断面二次極モーメント I_p は，

$$I_p = \frac{\pi}{32}\,d^4 = \frac{\pi \times \left(9.91 \times 10^{-2}\right)^4}{32} = 9.47 \times 10^{-6} \ \text{〔m}^4\text{〕} \qquad \cdots\cdots (5)$$

となります．ねじれ角は，式 (3) の値を式 (5.8) に代入することにより次のようになります．

$$\theta = \frac{T\,l}{G\,I_p} = \frac{15 \times 10^3 \times 1}{\pi \times 82 \times 10^9 \times 9.47 \times 10^{-6}} = 6.15 \times 10^{-3} \ \text{〔rad〕} \quad \cdots\cdots (6)$$

次の問いは「毎分 800 回転で伝えるときの軸径を求めよ」というものなので，動力（200 〔kW〕）と角速度（$\frac{2\pi \times 800}{60}$ 〔rad/s〕），トルク T 〔Nm〕の関係は

$$200 \times 10^3 = \frac{2\pi \times 800}{60}\,T \qquad\qquad\qquad\qquad \cdots\cdots (7)$$

となります．これを解くとトルク T は次のようになります．

$$T = \frac{7.5 \times 10^3}{\pi} \ \text{〔Nm〕} \qquad\qquad\qquad\qquad \cdots\cdots (8)$$

このトルクの値を式 (5.17) に代入して，軸径 d を決めると次のようになります．

$$d \geqq \sqrt[3]{\frac{16\,T}{\pi\,\tau_a}} = \sqrt[3]{\frac{16 \times 7.5 \times 10^3}{\pi^2 \times 25 \times 10^6}} = 7.86 \times 10^{-2} \ \text{〔m〕} = 78.6 \ \text{〔mm〕}$$

$$\cdots\cdots (9)$$

式 (4)，式 (9) を比較すると，同じ動力でも高速回転で伝えるほど軸径は小さくてもよいことが確認できます．

❶ 大きなトルクを伝える軸の軸径は大きくなる．
❷ 同じ動力でも高速回転で伝えるほど軸径は小さくなる．

1 図1のようなベルト車 A に，毎分 200 回転で 30kW の動力を与え，ベルト車 B から 10kW，ベルト車 C から 20kW の動力を受け取るとき，AB，AC 間の最小軸径を求めなさい．ただし，軸の許容せん断応力を 50MPa とし，ベルトの張力による軸の曲げは無視します．

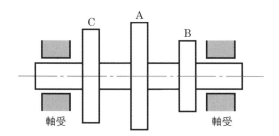

▲図1

2 長さ 1.5m，直径 50mm の軸に，ねじりモーメントを加えたところ，0.01rad のねじれ角が生じました．作用しているねじりモーメントと生じる最大せん断応力を求めなさい．ただし，せん断弾性係数は 82GPa とします．

3 図2のようにコイル径 D のつる巻ばねに荷重 P が作用するときに，直径 d の素線に生じる最大ねじり応力を求めなさい．ただし，ピッチ角 γ は小さく，$D \gg d$ とします．

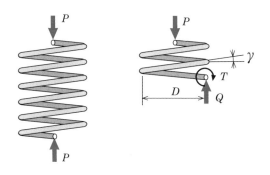

▲図2

4 内径 50mm，外径 70mm，長さ 1m の中空軸を毎分 240 回転で回転させて動力伝達するとき，伝達可能な最大動力を求めなさい．また，このときの最大ねじれ角を求めなさい．ただし，軸の許容せん断応力を 30MPa，せん断弾性係数 82GPa とします．

5 図 3 のような段付き棒の右端を固定し，左端をトルク T でねじるとき，左端でのねじれ角を求めなさい．ただし，せん断弾性係数を G とします．

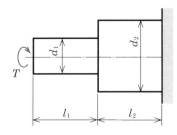

▲図 3

6 図 4 のようなテーパ状の棒の右端を固定し，左端をトルク T でねじるとき，左端でのねじれ角を求めなさい．ただし，せん断弾性係数を G とします．

ヒント　長さ dx の円筒部のねじれ角を考えます．

左端から距離 x の位置での直径 $D(x)$：$D(x)=D_1+\dfrac{D_2-D_1}{L}x$

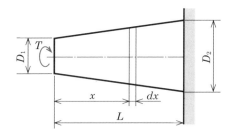

▲図 4

柱

　柱に圧縮荷重が作用する場合には，柱を細長比 λ（ $\lambda = \dfrac{l}{k}$ ）の値の大きさによって「短い柱」，「やや細長い柱」，「細長い柱」に分類します．ここで l：柱の長さ，k：断面二次半径を表します．

　λ の値が小さい「短い柱」では，材料の圧縮強さが棒の強度になりますが，「やや細長い柱」と「細長い柱」では，座屈が問題になります．

　λ の値が大きい「細長い柱」の場合には，オイラーの座屈理論により「座屈応力 $\sigma = C \dfrac{\pi^2 E}{\lambda^2}$ 」が求められます．ここで C は端末の拘束によって決まる係数です．

　「やや細長い柱」では，実験から求めた公式を適用して座屈応力を計算します．ランキン，テトマイヤー，ジョンソンの公式が有名です．

6.1 柱の座屈

座屈，断面二次半径，細長比

　軸方向の圧縮力を支える棒状の部材を柱（column）といいます．短い柱が圧縮を受ける場合には，その材料の圧縮強さが柱の強度になりますが，長い柱が圧縮を受ける場合には，圧縮強さ以下の小さな応力でも**図6-1**のように大きく湾曲します．このような現象を座屈（buckling）といいます．

▲図 6-1　座屈

　「柱の座屈」は「はりの曲げ」とよく似た変形をするので，両者を関連させて理解することができます．この説明は長くなるので本書では省略しますが，座屈と断面二次モーメントとは関係しそうなことが容易に想像できます．そこで，断面二次モーメント I を断面積 A で割った値を k^2 とすれば，

$$k = \sqrt{\frac{I}{A}} \qquad \cdots\cdots (6.1)$$

となり，この k を**断面二次半径**といいます．断面二次半径の単位は長さ，たとえば〔m〕，〔mm〕になります．座屈を起こす場合には，**図6-2**のように断面二次モーメントが小さな軸回りに曲がります．また，柱の長さ l と断面二次半径 k との比 $\overset{ラムダ}{\lambda}$

$$\lambda = \frac{柱の長さ}{断面二次半径} = \frac{l}{k} \qquad \cdots\cdots (6.2)$$

を**細長比**といいます．この λ の値が大きいほど細長い柱になります．

　λ の値の大きさによって柱を「短い柱」，「やや細長い柱」，「細長い柱」に分類することができます．これら3種類の柱のうち，「短い柱」では座

屈が生じず圧縮応力を解析すればよいことになります．また，「やや細長い柱」と「細長い柱」では，座屈が生じるので座屈応力を解析します．詳しいことは後述しますが，座屈応力の計算には「細長い柱」に適用する「オイラーの式」と，「やや細長い柱」に適用する「ランキンの式」，「テトマイヤーの式」，「ジョンソンの式」などがあります．どの式を利用するかが問題になりますが，判断の基準となるのがこの細長比 λ です．**図6-3**を参考にして，柱の解析の流れと細長比 λ の位置付けとを理解しておきましょう．

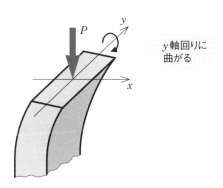

▲図6-2　座屈の方向

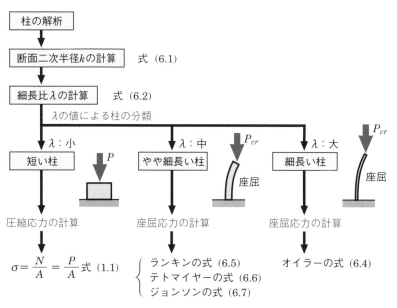

▲図6-3　柱の解析

さて，座屈を起こす最小の荷重を**座屈荷重**といい，その値を柱の断面積で割った値を**座屈応力**といいます．この座屈荷重，座屈応力は，縦弾性係数 E（柱の材質），細長比 λ（柱の断面形状と柱の長さ），拘束係数 C（柱の両端での境界条件）などによって決まります．

例題1 図 6-4(a), (b) のような断面形状の断面二次半径を求めなさい．

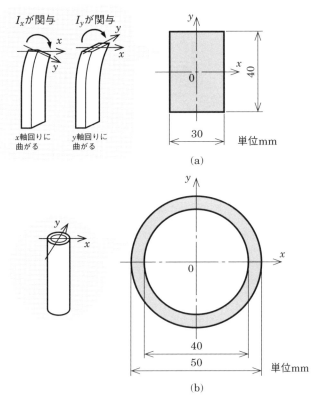

(a)

(b)

▲図 6-4

方針

❶ 表 4-1（p.114）から断面二次モーメントを求めます．

❷ 式 (6.1) から断面二次半径を求めます．

解

・図 6-4 (a) の場合

断面二次モーメントは，先に学習した表 4-1 より求められます．

x 軸に関する断面二次モーメント：$I_x = \dfrac{bh^3}{12}$

x 軸に関する断面二次半径 k_x は，式 (6.1) より次のように求められます．

$$k_x = \sqrt{\frac{I_x}{A}} = \sqrt{\frac{bh^3}{12 \times bh}} = \frac{h}{2\sqrt{3}} = \frac{40}{2\sqrt{3}} = 11.55 \,〔\mathrm{mm}〕 \qquad \cdots\cdots (1)$$

同様にすると，y 軸に関する断面二次モーメントと断面二次半径 k_y は，それぞれ

y 軸に関する断面二次モーメント：$I_y = \dfrac{hb^3}{12}$

$$k_y = \sqrt{\frac{I_y}{A}} = \sqrt{\frac{hb^3}{12 \times bh}} = \frac{b}{2\sqrt{3}} = \frac{30}{2\sqrt{3}} = 8.66 \,〔\mathrm{mm}〕 \qquad \cdots\cdots (2)$$

したがって，$k_x > k_y$ なので y 軸回りに曲がります．

・図 6-4 (b) の場合

同様に表 4-1 より

断面二次モーメント：$I = \dfrac{\pi\left(d_2^4 - d_1^4\right)}{64}$

となり，断面二次半径は式 (6.1) より，次のように求められます．

$$k = \sqrt{\frac{I}{A}} = \sqrt{\frac{\pi\left(d_2^4 - d_1^4\right)}{64} \times \frac{4}{\pi\left(d_2^2 - d_1^2\right)}}$$

$$= \frac{\sqrt{d_2^2 + d_1^2}}{4} = \frac{\sqrt{50^2 + 40^2}}{4} = 16 \,〔\mathrm{mm}〕 \qquad \cdots\cdots (3)$$

材料力学の基礎：なるほど雑学

中実丸棒と中空丸棒

直径 d の中実丸棒では，断面二次半径は $\dfrac{d}{4}$ になります．外径 d_2，内径 d_1 の中空丸棒では，例題 1 の式 (3) より，断面二次半径は $\dfrac{\sqrt{d_2^2 + d_1^2}}{4}$ になります．つまり，同じ外径の丸棒なら穴の空いている棒の方が大きな断面二次半径になります．後述する式 (6.4) で

座屈応力が計算できますが，中空丸棒は中実丸棒よりも座屈応力が大きいのです．したがって，中空丸棒は曲げ，ねじり，座屈のいずれに対しても中実丸棒より有利な形状であるといえます．

「穴をあけたほうが座屈し難くなる」と表現すると不思議に思うかもしれませんが，「全断面に圧縮応力が分布するよりも，断面の外周部分に圧縮応力が分布するほうが座屈し難くなる」と表現するほうが理解し易いかもしれませんね．

6.1.2 細長い柱

「細長い柱」の座屈応力について学習しましょう．前述したように，座屈応力，座屈荷重には柱の拘束係数が関ってきます．**表6-1** のように，柱の曲がりかたは，両端の支持方法で異なります．この拘束条件（端末条件）の違いによる座屈の起こり難さを表す係数を**拘束係数**といい，C で表すことにします．この拘束係数の値は，拘束条件により表6-1のような値をとります．

▼表6-1　拘束係数

拘束条件 （端末条件）	一端固定 他端自由	両端回転支持	一端固定支持 他端回転支持	両端固定支持
図	自由端　P 固定支持 (a)	P 回転支持 回転支持 (b)	P 回転支持 固定支持 (c)	P 固定支持 固定支持 (d)
拘束係数C	0.25	1	$2.0458 \cong 2$	4
$l_r = \dfrac{l}{\sqrt{C}}$	$2l$	l	$0.6993l \cong 0.7l$	$\dfrac{l}{2}$

柱を設計するときには，座屈を起こさないようにする必要があります．つまり，柱に生じる圧縮応力が座屈荷重以下になるように設計しなければなりません．

細長い柱の場合には，**オイラーの座屈理論**により座屈荷重を求めることができます．本書では詳しい説明を省略しますが，長さ l の柱の座屈荷重 P_{cr} は次のようなオイラーの式で求められます．

$$P_{cr} = C\frac{\pi^2 EI}{l^2} = \frac{\pi^2 EI}{l_r^2} \qquad\qquad \cdots\cdots (6.3)$$

ここで，E：縦弾性係数，I：断面二次モーメント，C：拘束係数は拘束条件により表 6-1 の値を用います．また，$l_r = \dfrac{l}{\sqrt{C}}$ を換算長さといいます（表 6-1 参照）．座屈応力 σ_{cr} は，式 (6.3) を断面積 A で割ることにより

$$\sigma_{cr} = C\frac{\pi^2 EI}{l^2 A} = C\frac{\pi^2 E}{\left(\dfrac{l}{k}\right)^2} = C\frac{\pi^2 E}{\lambda^2} = \frac{\pi^2 E}{\lambda_r^2} \qquad\qquad \cdots\cdots (6.4)$$

と表わされます．ここで，$\lambda_r = \dfrac{\lambda}{\sqrt{C}}$ を相当細長比といいます．式 (6.4) より「細長い柱ほど座屈荷重は小さくなる」ことがわかります．

例題 2 図 6-4(b) のような断面形状で，長さ 4m の軟鋼製の柱があります．この柱の両端を回転支持するとき，オイラーの式を用いて座屈荷重と座屈応力を求めなさい．ただし，縦弾性係数 $E = 206\text{GPa}$ とします．

方針

❶ 式 (6.2) から，細長比を求めます．
❷ 式 (6.3) から座屈荷重，式 (6.4) から座屈応力を求めます．

解

断面二次モーメント I は，表 4-1 から

$$I = \frac{\pi\left(d_2^4 - d_1^4\right)}{64} = \frac{\pi\left(50^4 - 40^4\right)\times\left(10^{-3}\right)^4}{64} = 1.81\times10^{-7}\ [\text{m}^4] \cdots\cdots (1)$$

となります．例題 1 の結果より断面二次半径は $k = 16\ [\text{mm}]$ なので，細長比 λ は式 (6.2) より

$$\lambda = \frac{4}{16\times10^{-3}} = 250 \qquad\qquad\qquad\qquad \cdots\cdots (2)$$

となります．両端回転支持なので，表6-1より拘束係数は $C = 1$ となります．以上の値を式(6.3)と式(6.4)に代入すると，座屈荷重 P_{cr}，座屈応力 σ_{cr} がそれぞれ次のように求められます．

$$
\begin{aligned}
P_{cr} &= C\,\frac{\pi^2 EI}{l^2} = 1 \times \frac{\pi^2 \times 206 \times 10^9 \times 1.81 \times 10^{-7}}{4^2} \\
&= 23 \times 10^3\ (\mathrm{N}) = 23\ (\mathrm{kN})
\end{aligned}
\qquad\cdots\cdots(3)
$$

$$
\begin{aligned}
\sigma_{cr} &= C\,\frac{\pi^2 E}{\lambda^2} = 1 \times \frac{\pi^2 \times 206 \times 10^9}{250^2} \\
&= 32.5 \times 10^6\ (\mathrm{Pa}) = 32.5\ (\mathrm{MPa})
\end{aligned}
\qquad\cdots\cdots(4)
$$

簡単にできる材料力学の実験（5）

30cm のプラスチック製定規に圧縮荷重をかけると，**図1**のように変形します．これが**座屈**です．断面二次半径が $k_x > k_y$ （断面二次モーメント $I_x > I_y$）となるので，x 軸回りには湾曲しません．また，**図2**のような変形もありません．

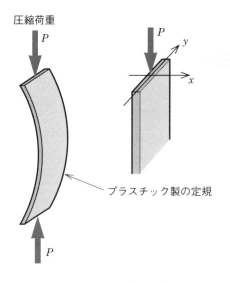

圧縮荷重
P

P

断面二次半径が
$k_x > k_y$ となるので，
x 軸回りには曲がら
ない

プラスチック製の定規

P

▲図1

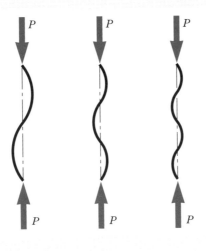

▲図2

次に，**図 3**(a)，(b) のように支持して，定規に圧縮荷重をかけてみてください．図 3(b) のほうが大きな座屈荷重になることを実感できます．これは定規を支持する間隔が少し短くなった効果もありますが，拘束係数の違いのためです．式 (6.3) からわかるように，拘束係数の値が大きくなるほど座屈荷重が大きくなるので，座屈し難くなります．表 6-1 のように支持方法を変えて定規を圧縮すると，拘束係数の違いがよくわかります．

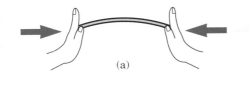

(a)

手の平で押さえる．つまりこの場合は，両端回転支持ということになる．

定規の端が曲がらないように
固定して圧縮

(b)

今度はしっかり両端をつかんで押してみる．この場合は，両端固定支持になったわけだが，(a)の場合と違って曲げ難いですね．

▲図3

6

柱

6.2 柱の実験公式

　短い柱と細長い柱との中間に相当する「やや細長い柱」も座屈を生じます．この柱にオイラーの式を適用すると誤差が大きくなるので，実験式を用いてより実際に合う座屈応力を計算します．それぞれの実験公式には適用範囲があるので，よく検討して，どの式を用いるかを決める必要があります．たとえば**表6-2**を見てください．鋳鉄の欄に「適用範囲 $\lambda_r < 80$」とありますが，これは鋳鉄の場合，相当細長比 λ_r が「$\lambda_r < 80$」であればランキンの式を用いることができることを表しています．もし，「$\lambda_r > 80$」ならばオイラーの式を適用すればよいわけです．つまり，「細長い」とか「やや細長い」とかは細長比で判断します．

6.2.1　ランキンの式

　ランキンは次のような式で座屈応力 σ_{cr} を表すことを提案しています．

$$\sigma_{cr} = \frac{a}{1 + b\lambda_r^2} \qquad \cdots\cdots (6.5)$$

ここで，λ_r：相当細長比，a：応力の次元をもつ定数，b は無次元で材料により定まる実験定数です（表6-2参照）．

▼表6-2　ランキンの式における実験定数

	鋳鉄	軟鋼	硬鋼	木材
a〔MPa〕	550	330	480	50
$1/b$	1 600	7 500	5 000	750
適用範囲	$\lambda_r < 80$	$\lambda_r < 90$	$\lambda_r < 85$	$\lambda_r < 60$

　本節で示す「柱の実験公式」は，全て座屈応力 σ_{cr} を求める形式で表しています．座屈荷重 P_{cr} は，この座屈応力に断面積を乗ずれば求められます．

6.2.2 テトマイヤーの式

次の式も柱の実験公式でテトマイヤーの式といいます.

$$\sigma_{cr} = a\left(1 - b\lambda_r + c\lambda_r^2\right) \qquad \cdots\cdots (6.6)$$

ここで, λ_r：相当細長比, a：応力の次元をもつ定数, b, c は無次元で材料により定まる実験定数です（**表6-3** 参照）. 鋳鉄以外では c の値はゼロになり, σ_{cr} — λ_r の関係は直線になります.

▼表6-3 テトマイヤーの式における実験定数

	鋳鉄	軟鋼	硬鋼	木材
a〔MPa〕	760	304	329	28.7
b	0.0155	0.00368	0.00185	0.00662
c	0.000068	0	0	0
適用範囲	$\lambda_r<80$	$\lambda_r<105$	$\lambda_r<90$	$\lambda_r<110$

6.2.3 ジョンソンの式

次の式をジョンソンの式といいます.

$$\sigma_{cr} = \sigma_Y\left\{1 - \frac{\sigma_Y \lambda_r^2}{4\pi^2 E}\right\} \qquad \cdots\cdots (6.7)$$

ここで, λ_r：相当細長比, σ_Y：圧縮の降伏応力, E：縦弾性係数を表します. ジョンソンの式では, σ_{cr} — λ_r の関係は放物線になり, $\sigma_{cr} = \dfrac{\sigma_Y}{2}$ においてオイラーの式の値に一致します. このジョンソンの式は, $\sigma_Y > \sigma_{cr} > \dfrac{\sigma_Y}{2}$ の範囲のときに適用できます.

例題 3 長さ 0.4m, 直径 40mm の円柱があります. 一端を固定し自由端に圧縮荷重が作用するとき, 座屈応力をオイラー, ランキン, テトマイヤー, ジョンソンの式から計算し比較しなさい. ただし, 材質は軟鋼で降伏点は 235MPa, $E = 206$GPa とします.

方針

❶ 式 (6.1) から, 断面二次半径を求めます.

❷拘束条件を考慮して相当細長比を計算します．

❸オイラーの式 (6.4) から，座屈応力を求めます．

❹ランキンの式 (6.5)，テトマイヤーの式 (6.6)，ジョンソンの式 (6.7) から座屈応力を求めます．

❺最も安全になるように，得られた計算値の中で最小となる値を採用します．

解

式 (6.1) から，円形断面の断面二次半径 k は

$$k = \sqrt{\frac{I}{A}} = \sqrt{\frac{\pi\, d^4/64}{\pi\, d^2/4}} = \frac{d}{4} = \frac{40}{4} = 10 \,[\text{mm}] \qquad \cdots\cdots (1)$$

となります．一端固定支持，他端自由なので，表 6-1 から拘束係数 $C = 0.25$ になります．相当細長比 λ_r は

$$\lambda_r = \frac{l}{\sqrt{C}\, k} = \frac{0.4}{\sqrt{0.25} \times 10 \times 10^{-3}} = 80 \qquad \cdots\cdots (2)$$

オイラーの座屈応力は，式 (6.4) より

$$\sigma_{cr} = \frac{\pi^2 E}{\lambda_r^2} = \frac{\pi^2 \times 206 \times 10^9}{80^2} = 318 \times 10^6 \,[\text{Pa}] = 318 \,[\text{MPa}] \\ \qquad \cdots\cdots (3)$$

ランキンの式 (6.5) では

$$\sigma_{cr} = \frac{a}{1 + b\lambda_r^2} = \frac{330}{1 + \dfrac{80^2}{7\,500}} = 178 \,[\text{MPa}] \qquad \cdots\cdots (4)$$

テトマイヤーの式 (6.6) では

$$\sigma_{cr} = a\left(1 - b\lambda_r + c\lambda_r^2\right) = 304 \times (1 - 0.00368 \times 80) = 215 \,[\text{MPa}] \\ \qquad \cdots\cdots (5)$$

ジョンソンの式 (6.7) では

$$\sigma_{cr} = \sigma_Y\left\{1 - \frac{\sigma_Y \lambda_r^2}{4\pi^2 E}\right\} = 235 \times 10^6 \times \left\{1 - \frac{235 \times 10^6 \times 80^2}{4 \times \pi^2 \times 206 \times 10^9}\right\} = 192 \,[\text{MPa}] \\ \qquad \cdots\cdots (6)$$

相当細長比 λ_r が表 6-2，表 6-3 で示される適用範囲に入っているので，この柱を「やや細長い柱」として考えて，実験公式を適用すべきです．「細長い柱」と考えてオイラーの式を適用すると非常に大きな値になり，誤

りです．また，実験公式による式(4)，(5)，(6)の結果には若干の差があります
が，この場合には最も安全側であるランキンの座屈応力を採用すべきです．

ランキン（W.J. Macquorn Rankine,1820 ～ 1872）

柱の実験公式「ランキンの式」を提案した
ランキンは，熱力学の「ランキン - サ
イクル」でも有名です．また，彼は土
木工学の分野で擁壁（崖の土留めのた
めの壁）の設計法を提案したり，破壊
の研究もしており「ランキンの説」と
して名を残しています．一般的な知名
度はそれほど高くないかもしれません
が，多くの業績を残した研究者です．

▲ランキン

6

柱

コラムのコラム

柱のことをコラム（column）といい，このような囲み記事も同じ
くコラムといいます．英字新聞などで柱のように縦に長い欄をコラ
ムと言っていたものから，意味が変わって，囲み記事をコラムとい
うようになったようです．

今までに棒，はり，軸，柱と呼ばれる対象物を取り扱ってきま
したが，全て棒状の物体です．荷重の作用の仕方によって別々の
名称で呼んでいますが，形状には大差ありません．このように，
材料力学では簡単な形状の問題しか解けません．ねじやリベット
のように簡単な形状の機械部品の設計には材料力学を直接応用で
きますが，現実の複雑な形状の問題については計算機に頼るほか
ありません．それでは計算機の使用方法を習熟すれば，材料力学
は不要なのでしょうか？「最も大切なことは，手計算が可能な簡
単な問題を解く過程で，エンジニアとしてのセンスを磨くこと」だ
と私は思っています．

練習問題

1 直径 10mm，長さ 1m で両端が回転支持された丸棒に圧縮荷重を負荷したとき，座屈荷重を求めなさい．ただし，棒は軟鋼製で縦弾性係数を 206GPa とします．

2 直径 60mm，長さ 1.2m の軟鋼製の中実丸棒と外径 60mm，内径 50mm，長さ 1.2m の軟鋼製の中空丸棒とに圧縮荷重が作用しています．**下表**に示すような拘束条件の場合について，座屈応力と座屈荷重とを求めて表を完成させなさい．柱の実験公式を用いる場合はランキンの式を適用し，軟鋼の縦弾性係数を 206GPa とします．

▼表　座屈荷重と座屈応力

断面形状	拘束条件	座屈応力〔MPa〕	座屈荷重〔kN〕
中実丸棒	両端回転支持の場合		
	一端固定支持，他端自由の場合		
中空丸棒	両端回転支持の場合		
	一端固定支持，他端自由の場合		

3 図1のようなトラス構造物（部材をピン接合した構造，7章参照）の点 C に荷重 P を負荷します．このときの座屈荷重を求めなさい．ただし，全ての部材は曲げ剛性を EI とします．

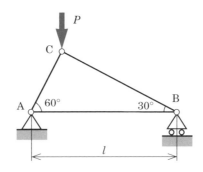

▲図1

第7章

骨組み構造

　骨組み構造は軽量化に対して有効な方法であり，トラス構造，ラーメン構造と呼ばれる種類があります．

　本書では，節点がピンで接合された骨組み構造（トラス構造）のみを取り扱います．この骨組み構造は，自重の取り扱い方により次の2つに分類できます．

❶ 部材の自重を考慮する場合：節点（部材の接合点）で作用反作用の関係になることに注意して，部材ごとに自由物体線図を描きます．描いた図をもとに，部材ごとに力のつりあい式とモーメントのつりあい式を立てます．全てのつりあい式を連立させて方程式を解くと，部材が節点で受ける力を求めることができます．

❷ 部材の自重を無視するとき：部材には軸力だけが生じます．このことを利用して節点における力のつり合いを考えると，全ての部材に作用する軸方向の力を求めることができます．

7.1 骨組み構造

　クレーン，橋梁，鉄塔などの大型の構造物を造るときに軽量化する有効な方法として，**骨組み構造**があります．骨組み構造は，棒状部材を接合することによって全体を形作ります．この部材の接合点を**節点**といい，ピン接合のように角度変化が可能な**滑節**と，溶接などのようにかたく接合された**剛節**とがあります．滑節では力だけが他の部材に伝達されますが，モーメントは伝達されません（**図7-1**(a) 参照）．しかし，剛節では力とモーメントの両方が伝達されます（図7-1(b) 参照）．すべての節点が滑節からできている骨組み構造を**トラス**といい，剛節を含む骨組み構造を**ラーメン**といいます．

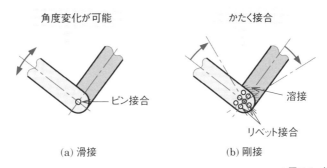

角度変化が可能　　　　　　　　かたく接合

ピン接合　　　　　　　溶接

　　　　　　　　　　　　　リベット接合

(a) 滑接　　　　　　　(b) 剛接

▲図7-1　節点の種類

　トラス構造は三角形を単位に組み立てた構造体となっています．橋梁やさまざまな建造物に用いられているので，目にしたことがあるのではないでしょうか．本章では，トラス構造での「部材に作用する力」の求め方を学習しましょう．

　力のつりあい式とモーメントのつりあい式だけで解けるトラス構造を**静定トラス**といいます．また，これらのつりあい式の個数が未知量の個数より少なくて，つりあい式だけで解けないトラス構造を**不静定トラス**といいます．本書では静定トラスだけを取り扱います．

モノの形 (4)

　代表的な骨組み構造に橋梁（きょうりょう）があります．橋梁は構造によりトラス橋，ラーメン橋，アーチ橋，吊橋（つりばし），斜張橋（しゃちょうきょう）などに分類されます．

　骨組み構造ではありませんが，古代ローマ人が作った橋は**図1**(a)のような石造アーチ橋です．アーチの上側の石がなぜ落ちてこないのか不思議ですね．図1(b)のように石が楔状（くさび）の形をしているため，側面に作用する力により上向きに持ち上げる力の成分が生じるのです．用いられた石は圧縮荷重を支えるのに適した材料で，アーチ橋はこの材料特性を利用して作られています．

▲図1 (a)

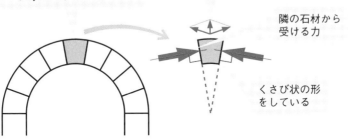

アーチの最上部の石を要石（かなめいし）
（keystone）という

側面からの力の合力として
上向きの力が生じる

隣の石材から
受ける力

くさび状の形
をしている

▲図1 (b)

　私の住む四国の山中には**図2**の「かずら橋」という「かずら（つる草）」で作られた橋があります．これは一種の吊橋で「かずら」には引張り荷重が作用します．昔は入手が容易な素材を使用できるように橋の構造を決めていたように思えます．

　吊橋は，**図3**(a)のように，上に張ったメインケーブルに桁（けた）を吊り下げた構造（図3(b)参照）になります．主塔だけで主径間側へ

の引張りを支えると，主塔に大きな曲げが生じるのでメインケーブルを反対側に引張り，アンカーで固定します．したがって，主塔は圧縮荷重を受けます（図3(c)参照）．ケーブルのような引張りを受ける部材は細くできるので，これをうまく配置すると構造全体を軽量化できます．吊橋では主径間距離を大きくすることができ，いわゆる「長大橋」と呼ばれる橋は全て吊橋です．ただし，桁の部分が吊り下げられているので，風などで揺れやすく，その対策が必要になります．

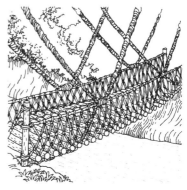

▲図2

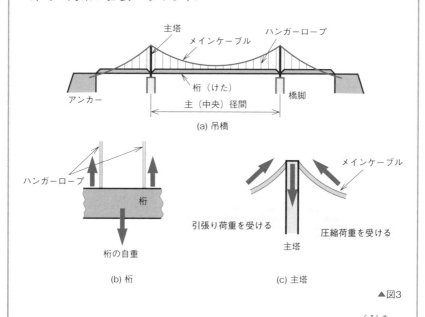

(a) 吊橋

(b) 桁

(c) 主塔

▲図3

　本州と四国との間には「瀬戸大橋」，「明石海峡大橋」，「来島海峡大橋（しまなみ海道）」など美しい橋が架けられています．一度，実物を見に行ってはいかがですか？

7.2 簡単な骨組み構造

　図 7-2(a) に示される問題を通して，骨組み構造の解法について考えて
みましょう．重量 W_1，W_2 の部材 AB と BC を壁に取り付けます．水平に
取り付けられた長さ l の部材 AB は，節点 B で部材 BC と θ の角度で接
合されています．接合点は全てピン接合して，B 点に質量 M（重量 Mg）
のおもりをつり下げます．このとき，部材が受ける力について解析して
みましょう．

　部材 AB と BC との自由物体線図を描くと，図 7-2(b) のようになります．
このときに，次のことに注意してください．自由物体線図中に描く力の
方向は自由に決めることができます．しかし，<u>部材 AB の節点 B に作用
する力 X_B，Y_B と，部材 BC の節点 B に作用する力 X_B，Y_B とは，作用反
作用の関係から互いに反対向きに描く必要があります</u>（図 7-2(b) の節点
B に作用する力の向きに注意）．この自由物体線図をもとに部材 AB と
BC とでつりあい式を立てると次のようになります．

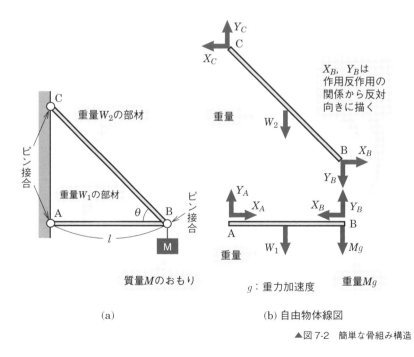

(a)

(b) 自由物体線図

▲図 7-2　簡単な骨組み構造

❶ 部材 AB について

力のつりあい　水平方向：$X_A - X_B = 0$　　　　　　　　　　$\cdots\cdots$ (7.1)

　　　　　　　垂直方向：$Y_A + Y_B - W_1 - Mg = 0$　　　$\cdots\cdots$ (7.2)

モーメントのつりあい（A 点回り）：$W_1\dfrac{l}{2} + (Mg - Y_B)l = 0$　$\cdots\cdots$ (7.3)

❷ 部材 BC について

力のつりあい　水平方向：$X_B - X_C = 0$　　　　　　　　　　$\cdots\cdots$ (7.4)

　　　　　　　垂直方向：$Y_C - Y_B - W_2 = 0$　　　　　　$\cdots\cdots$ (7.5)

モーメントのつりあい（C 点回り）：$Y_B l + W_2\dfrac{l}{2} - X_B l\tan\theta = 0$ $\cdots$ (7.6)

未知数 6 個（X_A, Y_A, X_B, Y_B, X_C, Y_C），条件式 6 個（式 (7.1) ～ (7.6)）
となります．したがって，未知量の個数と条件式の数とが同数になるので，
式 (7.1) ～ (7.6) を連立させると解が得られます．少し面倒ですが，解い
てみましょう．式 (7.3) から

$$Y_B = Mg + \frac{W_1}{2} \qquad\qquad\qquad \cdots\cdots (7.7)$$

が得られます．この結果を式 (7.6) に代入して，式 (7.1) と (7.4) を用いると

$$X_B = \frac{1}{\tan\theta}\left(Mg + \frac{W_1 + W_2}{2}\right) = X_A = X_C \qquad \cdots\cdots (7.8)$$

が得られます．式 (7.7) を式 (7.2), (7.5) に代入すると，次の結果を得ます．

$$Y_A = \frac{W_1}{2}, \qquad Y_C = Mg + \frac{W_1}{2} + W_2 \qquad \cdots\cdots (7.9)$$

以上をまとめると，部材の自重を考慮する場合には次のようになります．

$$X_A = \frac{1}{\tan\theta}\left(Mg + \frac{W_1 + W_2}{2}\right), \qquad Y_A = \frac{W_1}{2} \qquad \cdots\cdots (7.10)$$

$$X_B = \frac{1}{\tan\theta}\left(Mg + \frac{W_1 + W_2}{2}\right), \qquad Y_B = Mg + \frac{W_1}{2} \qquad \cdots\cdots (7.11)$$

$$X_C = \frac{1}{\tan\theta}\left(Mg + \frac{W_1 + W_2}{2}\right), \qquad Y_C = Mg + \frac{W_1}{2} + W_2 \qquad \cdots\cdots (7.12)$$

もし，部材の自重を無視すると，$W_1 = W_2 = 0$ なので

$$X_A = \frac{Mg}{\tan\theta}, \qquad Y_A = 0 \qquad\qquad\qquad \cdots\cdots (7.13)$$

$$X_B = \frac{Mg}{\tan\theta}, \qquad Y_B = Mg \qquad\qquad\qquad \cdots\cdots (7.14)$$

$$X_C = \frac{Mg}{\tan\theta}, \qquad Y_C = Mg \qquad\qquad\qquad \cdots\cdots (7.15)$$

となります．式(7.13)～(7.15)の結果から各部材に作用する力を描くと，**図7-3**のようになります．つまり，部材には軸方向の力しか作用していません．トラスの問題は自重を無視することにより部材に作用する力は軸方向だけとなり，次節で述べるように容易に解くことができます．

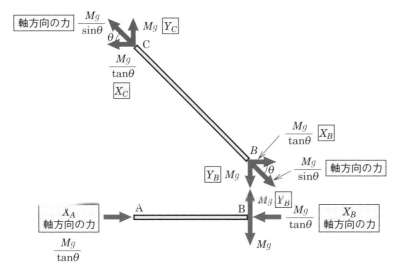

▲図7-3　$W_1 = W_2 = 0$のときに部材に作用する力

骨組み構造

材料力学の基礎：なるほど雑学

生物と材料力学

　橋梁のように外観からはっきりと骨組み構造がわかるもの以外でも，飛行機，船，高層ビルなど比較的大きな構造物はほとんど骨組み構造をとっています．このうち，飛行機や船の外板は全体の大きさと比較すると極めて薄くなっています．このように，骨組み構造によって全体を支えている構造物は意外と多くあります．

　そうです，我々人間も骨組み構造をとっています．生物の中には哺乳類，爬虫類のように骨組み構造をとる「脊椎動物」と，昆虫や甲殻類（エビ，カニ）のように外板に相当する部分の強度が大きい「節足動物」とがあります．節足動物のような構造では大型化できませんが，脊椎動物のような骨組み構造をとると大型化できるのです．また，部材となる骨は外周が緻密で固く，内部が柔らかい構造になっています．さらに鳥類の骨では内部が空洞に

なっており，飛行に適するように軽量化されています（チキンを食べるときに観察してみましょう）．このように外周が固く内部が柔らかい構造は，前章までにたびたび登場した中空材の利点を活かしていることになります．これらのことは「生物が進化の過程で力学的に有利な形状や形態を採り入れてきた結果」なのですが，実に神秘的ですね．

例題 1

重量がそれぞれ W_1，W_2 の部材 AB と CD を，**図 7-4**(a) のように壁に取り付けています．部材の長さは共に l で，節点は全てピン接合しています．荷重 P が水平より $30°$ の角度で下向きに作用するとき，それぞれの部材が受ける力を求めなさい．

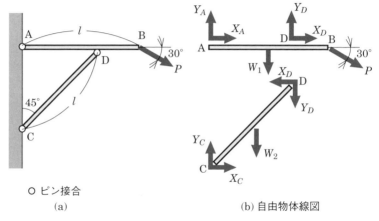

○ ピン接合
(a)

(b) 自由物体線図

▲図 7-4

方針

❶ 部材ごとに自由物体線図を描きます．

❷ 自由物体線図をもとに，力のつりあい式とモーメントのつりあい式を立てます．

❸ 未知数の数と条件式の数が同数であることを確認してから，つりあい式を連立して解きます．

解

節点 D で各部材に作用する力が作用反作用の関係を満たすように自由

物体線図を描くと，図 7-4(b) のようになります．この図をもとに，力の
つりあい式とモーメントのつりあい式を立てると次のようになります．

❶ 部材 AB について

力のつりあい　水平方向：$X_A + X_D + P\cos 30° = 0$　　　　　　　　$\cdots\cdots$ (1)

　　　　　　　垂直方向：$Y_A + Y_D - W_1 - P\sin 30° = 0$　　　　　$\cdots\cdots$ (2)

モーメントのつりあい（A 点回り）：$lP\sin 30° + \dfrac{l}{2} W_1 - \dfrac{l}{\sqrt{2}} Y_D = 0$　$\cdots$ (3)

❷ 部材 CD について

力のつりあい　水平方向：$X_C - X_D = 0$　　　　　　　　　　　$\cdots\cdots$ (4)

　　　　　　　垂直方向：$Y_C - Y_D - W_2 = 0$　　　　　　　　$\cdots\cdots$ (5)

モーメントのつりあい（C 点回り）：$\dfrac{l}{\sqrt{2}} X_D - \dfrac{l}{\sqrt{2}} Y_D - \dfrac{l}{2\sqrt{2}} W_2 = 0$　$\cdots$ (6)

未知数の数 6 個（X_A, Y_A, X_C, Y_C, X_D, Y_D）と，条件式 6 個なので連
立方程式が解けます．式 (3) より

$$Y_D = \frac{\sqrt{2}}{2} P + \frac{\sqrt{2}}{2} W_1 \qquad\qquad\qquad\cdots\cdots (7)$$

を得ます．式 (6) に式 (7) の結果を代入することにより

$$X_D = Y_D + \frac{1}{2} W_2 = \frac{\sqrt{2}}{2} P + \frac{\sqrt{2}}{2} W_1 + \frac{1}{2} W_2 \qquad\cdots\cdots (8)$$

を得ます．式 (1) に式 (8) の結果を代入することにより

$$X_A = -X_D - \frac{\sqrt{3}}{2} P = -\frac{\sqrt{2}+\sqrt{3}}{2} P - \frac{\sqrt{2}}{2} W_1 - \frac{1}{2} W_2 \qquad\cdots\cdots (9)$$

を得ます．式 (2) に式 (7) の結果を代入することにより

$$Y_A = -Y_D + W_1 + P\sin 30° = \frac{1-\sqrt{2}}{2} P + \frac{2-\sqrt{2}}{2} W_1 \qquad\cdots\cdots (10)$$

を得ます．式 (4) に式 (8) の結果を代入することにより

$$X_C = X_D = \frac{\sqrt{2}}{2} P + \frac{\sqrt{2}}{2} W_1 + \frac{1}{2} W_2 \qquad\qquad\cdots\cdots (11)$$

を得ます．式 (5) に式 (7) の結果を代入することにより，次の結果を得ます．

$$Y_C = Y_D + W_2 = \frac{\sqrt{2}}{2} P + \frac{\sqrt{2}}{2} W_1 + W_2 \qquad\qquad\cdots\cdots (12)$$

7

骨組み構造

7.3 トラスの解法

「トラス構造物の節点に荷重が作用する問題」についていろいろな解析法が提案されています。それらの中で本節では、「部材に軸力だけが生じる」ことを利用して節点における力のつりあいをもとにする節点法について解説します。ここで、「部材の自重を考える場合」や「節点以外に荷重が作用する場合」（**図7-5**参照）には、本節で述べる手法は適用できないことに注意してください。その理由は、これらの問題では部材に軸力以外にも曲げモーメントやせん断力が生じているからです。

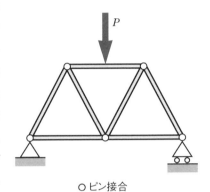

○ピン接合

▲図7-5　節点以外に荷重が作用する場合

材料力学の基礎：なるほど雑学

トラス構造と節点

トラス構造は、直線部材を三角形状に組み合わせて、この基本形を多数連結した構造です。この構造は、**下図**に示すような構造を基本としているので、鉄橋や鉄塔でよく見受けられます。

ところで、「部材をピンだけで留めていて大丈夫だろうか」と心配な人はいませんか？　安心してください。計算上では、「部材には軸力だけが生じるので、節点はピン接合」として取り扱いますが、実際には「ガセットと呼ばれる鋼板でしっかりと結合」されています。

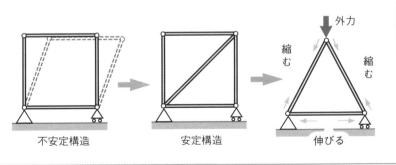

不安定構造　　　　　安定構造　　　　　伸びる

では最初に，トラスの問題の解析手順を**図7-6**に示します.

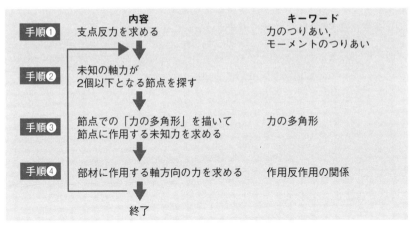

▲図7-6　トラスの解析手順

　この解析方法は，節点での力のつりあいを「力の多角形」の作図によって解くものです．次に，**図7-7**(a)に示される問題を例にして，解析手順を具体的に検討してみましょう.

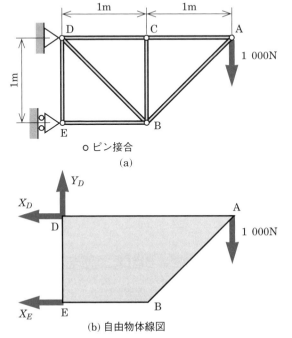

○ピン接合

(a)

(b) 自由物体線図

▲図7-7　静定トラス

手順1 支点反力を求める.

トラス全体を剛体と考えて自由物体線図を描くと，図 7-7(b) のようになります．この図をもとにつりあい式を立てると

力のつりあい　水平方向：$X_D + X_E = 0$　　　　　　　　　$\cdots$ (7.16)

垂直方向：$Y_D - 1\,000 = 0$　　　　　　　$\cdots$ (7.17)

モーメントのつりあい(D 点回り)：$1 \times X_E + 2 \times 1\,000 = 0$　$\cdots$ (7.18)

となります．式 (7.16)〜(7.18) を連立させて解くと，反力は次のようになります．

$$X_D = 2\,000 \,[\text{N}], \quad Y_D = 1\,000 \,[\text{N}], \quad X_E = -2\,000 \,[\text{N}] \quad \cdots (7.19)$$

手順2 未知の軸力が 2 個以下の節点を探す.

全ての部材の軸力が未知なので，各節点に集まる部材のうちで軸方向の力が未知となるものの個数は表 7-1 のようになります．節点 A と E とでは 2 個の軸方向の力が未知なので，ここでは，節点 A を選び，次の段階へ進むことにします．

▼表 7-1　各節点における未知である軸方向の力の個数

節点	A	B	C	D	E
未知である 軸方向の力の個数	2	4	3	3	2
既知となった 軸方向の力の個数	0	0	0	0	0

手順3 節点での「力の多角形」を描いて，節点に作用する未知力を求める.

節点 A に作用している力は $1\,000\,[\text{N}]$（外力：既知），N_{AB}（部材 AB に作用する力：未知），N_{AC}（部材 AC に作用する力：未知）になります．

182

部材の方向がわかっているので，これらの力を描くと図 **7-8**(a) のように
なります．この段階では，力の向きと大きさとがわかりませんが，力の
三角形が閉じる（力がつりあう）ように力の向きと大きさとを決定すると，
図 7-8(b) のようにしか描けません．**図 7-9**(a)，(b) のような力では，節点
での力のつりあいを満足しません．

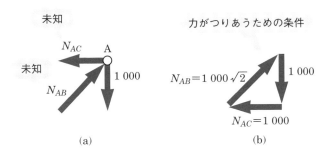

部材ACに作用する力は図7-8(b)とは逆向きになる

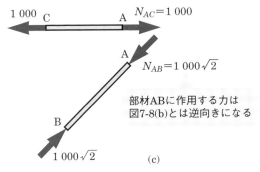

▲図 7-8　節点 A について

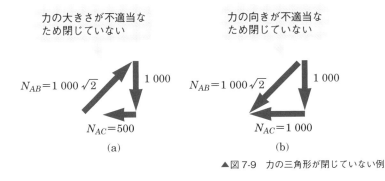

▲図 7-9　力の三角形が閉じていない例

骨組み構造

手順4 部材に作用する軸方向の力を求める.

「節点に作用する力」と「部材に作用する力」とは,作用反作用の関係にあるので,部材 AB と AC に作用する軸方向の力は図 7-8(b) とは逆向きになり,図 7-8(c) のようになります(たとえば,図 7-8(b) における N_{AB} の矢印の向きと,図 7-8(c) における節点 A に作用する N_{AB} の矢印の向きとが逆になっていることに注意してください).

同様にして,軸方向の力 N_{AB} と N_{AC} が既知になったことを考慮して,『**手順2 → 手順3 → 手順4**』を再度実行します.第1回目の解析後では,各節点において部材に作用する力は**表 7-2** のようになっています.

▼表 7-2　各節点における未知である軸方向の力の個数

節点	A	B	C	D	E
未知である 軸方向の力の個数	0	3	2	3	2
既知となった 軸方向の力の個数	2	1	1	0	0

ここでは,節点 E を選ぶことにしましょう.節点 E に作用している力は X_E(反力:既知),N_{DE}(部材 DE に作用する力:未知),N_{BE}(部材 BE に作用する力:未知)になります.力がつりあうように力のベクトルを描くと,**図 7-10**(a),(b) のようになります.ここで,N_{DE} がゼロになるために作図の上で「力の多角形」を描けませんが,作図の意味するところは同じです.これらから,部材 DE と BE とに作用する軸方向の力は図 7-10(c) のようになります.

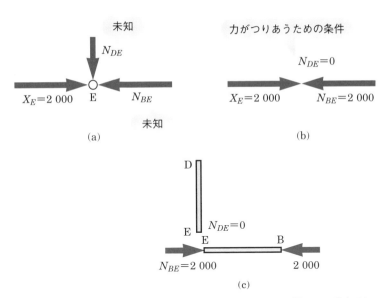

未知

N_{DE}

$X_E = 2\,000$ E N_{BE}

未知

(a)

力がつりあうための条件

$N_{DE} = 0$

$X_E = 2\,000$ $N_{BE} = 2\,000$

(b)

D

E $N_{DE} = 0$

E B

$N_{BE} = 2\,000$ $2\,000$

(c)

▲図7-10 節点Eについて

　さらに，既知になった軸方向の力を考慮して『**手順2 → 手順3 → 手順4**』を実行します．第2回目の解析後では，各節点において部材に作用する力は**表7-3**のようになっています．

▼表7-3　各節点における未知である軸方向の力の個数

節点	A	B	C	D	E
未知である軸方向の力の個数	0	2	2	2	0
既知となった軸方向の力の個数	2	2	1	1	2

作用する力が未知な部材

作用する力が既知となった部材

着目する節点と部材

ここでは，節点Dを選ぶことにしましょう．節点Dに作用している力は，X_D（反力：既知），Y_D（反力：既知），N_{DE}（部材 DE に作用する力：既知），N_{BD}（部材 BD に作用する力：未知），N_{CD}（部材 CD に作用する力：未知）になります．力がつりあうように力のベクトルを描くと，**図 7-11**(a)，(b) のようになります．これらから，部材 BD と CD とに作用する力は図 7-11(c) のようになります．

　さらに既知になった軸方向の力を考慮して，『**手順 2 → 手順 3 → 手順 4**』を実行します．第 3 回目の解析後では，各節点において部材に作用する力は**表 7-4** のようになっています．

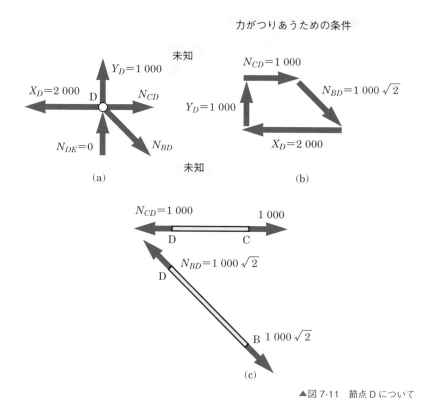

▲図 7-11　節点 D について

▼表7-4 各節点における未知である軸方向の力の個数

節点	A	B	C	D	E
未知である 軸方向の力の個数	0	1	1	0	0
既知となった 軸方向の力の個数	2	3	2	3	2

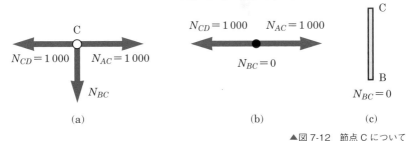

最後に，節点 C について考えてみましょう．力がつりあうように力のベクトルを描くと，**図7-12**(a)，(b) のようになります．これらから，部材 BC に作用する力は図 7-12(c) のようになります．

以上で全ての軸方向の力を求めることができたので，解析を終了します．このような手順によれば静定トラスである限り，どのように部材の数が増えても同じ手順で解けます．

力がつりあうための条件

(a)　$N_{CD}=1\,000$　$N_{AC}=1\,000$　N_{BC}

(b)　$N_{CD}=1\,000$　$N_{AC}=1\,000$　$N_{BC}=0$

(c)　$N_{BC}=0$

▲図 7-12 節点 C について

7

骨組み構造

187

静定トラスと不静定トラス

　ここまでの解説を読むと，どのようなトラスでも解けそうな気がします．それでは**図 1**(a) と**図 2**(a) とを比較してみましょう．

　図 1(a) の構造と図 2(a) の構造では，部材に作用する力はそれぞれ図 1(b) と図 2(b) のようになります．したがって，図 2(a) の構造では，節点 D に「軸方向の力が未知となる部材」が 3 つ集まり，力の多角形を 1 通りに描くことができません．つまり，最後まで手順 2 に反する節点が残ります．このようなトラスを不静定トラスといい，部材の変形を考慮して解く必要があります．本書では取り扱いませんので，詳しく勉強したい方は他の参考書を参照してください．

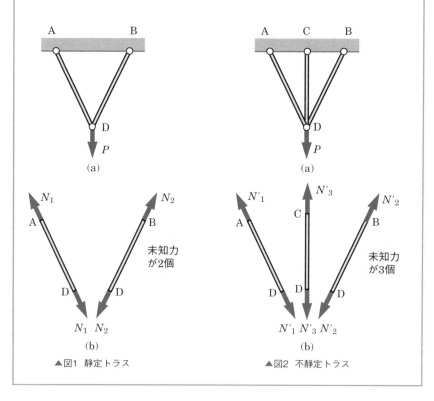

▲図1　静定トラス　　　　▲図2　不静定トラス

| 例題2 | 図7-13のようなトラスの部材に作用する力を求めなさい. |

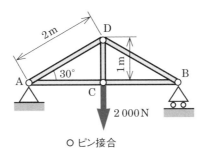

▲図7-13

方針

図7-6（p.181）に示される解析手順に従って問題を解きます.

解

支点 A, B の反力をそれぞれ R_A, R_B（上向き）とし, トラス全体を剛体と考えてつりあい式を立てると

力のつりあい　垂直方向：$R_A + R_B - 2\,000 = 0$ ・・・・・(1)

モーメントのつりあい（A 点回り）：$\sqrt{3} \times 2\,000 - 2\sqrt{3} \times R_B = 0$ ・・・・・(2)

となります. 式(1),(2)を連立させて解くと, 反力は次のようになります.

$R_A = 1\,000$ 〔N〕, $R_B = 1\,000$ 〔N〕 ・・・・・(3)

節点 A に作用する力から「力の多角形」を描くと**図7-14**(a) となります. 部材に作用する力は節点に作用する力とは逆向きになるので, 部材 AC に作用する力 N_{AC} は $1000\sqrt{3}$〔N〕（引張り）, 部材 AD に作用する力 N_{AD} は 2\,000〔N〕（圧縮）となります.

節点 C では（図 7-14(b) 参照）, 問題の対称性を利用すると部材 BC から受ける力 N_{BC} が $1000\sqrt{3}$〔N〕と得られます. また, 力のつりあいより部材 CD から受ける力 N_{CD} が 2\,000〔N〕と得られます.

以上をまとめると, **図7-15**のように全ての部材に作用する力が得られます.

7
骨組み構造

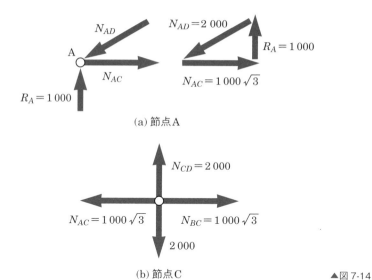

(a) 節点A

(b) 節点C

▲図 7-14

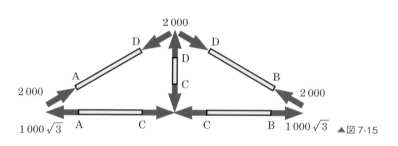

▲図 7-15

自転車と材料力学

　自転車は身近にある骨組み構造の乗り物と言ってよいでしょう．そして長い歴史をかけて少しずつ改良されてきました．材料力学の観点からみて，どのような工夫がなされているのでしょうか？

❶フレーム構造による軽量化

　図1のような三角形（安定な形）を基本にしたフレーム構造になっています．

❷フレームの部材にチューブを採用

　チューブ（中空丸棒）は，ねじり，曲げ，座屈に対して有利な形状で，しかも安価に量産できる部材です．

❸スポーク

スポークにはあらかじめ引張り荷重を与える設計になっています. したがって, 細い部材で荷重を支えることができます. もし, 圧縮荷重を支えるようにすると「座屈」しないように太い材料が必要になります. また, スポークは**図2**のようにリムから2つのハブへ三角形を形作るように張り, タイヤに横からの力が加わっても充分な剛性を確保できるように設計されています.

❹チェーンホイール

一種の骨組み構造で軽量化しています（図1参照）. 元は円盤状のチェーンホイールに穴をあけて軽量化したものですが, R（丸み）をつけることにより大きな応力集中をさけています.

自転車は材料力学的な工夫のほかに, 機構的, 人間工学的にもさまざまな工夫がなされています. 自転車は環境にやさしい乗り物なので, もっと有効に利用したいものですね.

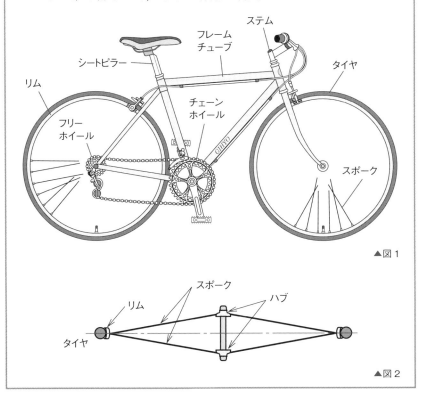

▲図1

▲図2

1 図1のように，質量 M と $2M$ とを吊るした長さ $2l$ の部材 AB と水平に対して，30°傾いた部材 CD とからなる骨組み構造において部材が受ける力を求めなさい．

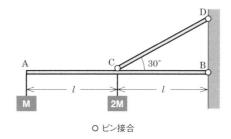

○ ピン接合

▲図1

2 図2のように，長さ 1m の部材 7 本からなるトラス構造において，各部材に作用する力を求めなさい．

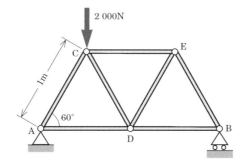

▲図2

3 6章の練習問題 3 の図 1（p.170）のトラス構造物の点 C に作用している荷重を上向きにしたとき（**図3**）の座屈荷重を求めなさい．ただし，全ての部材は曲げ剛性を EI とします．

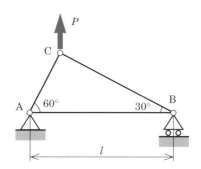

▲図3

第 **8** 章

ひずみエネルギー

ポイント

　弾性体に蓄えられるエネルギーをひずみエネルギーといいます．このひずみエネルギー U は，荷重 P，伸び λ を用いると，$U = \dfrac{P\lambda}{2}$ と表されます．

　このひずみエネルギーを利用して解く対象として衝撃の問題があります．エネルギー保存則を適用して，『物体の位置エネルギー』が『弾性体に蓄えられるひずみエネルギー』に変化したとして解くと，衝撃応力を求めることができます．高さ h の位置からおもりを落下させ，おもりが棒を衝撃的に引張る場合に生じる衝撃引張り応力 σ は，$\sigma = \sigma_0 \left(1 + \sqrt{1 + \dfrac{2h}{\lambda_0}} \right)$ と表されます．

　ここで，σ_0 と λ_0 とは，それぞれ静的負荷による引張り応力と伸びとを表します．たとえ物体を落下させる高さ $h = 0$ でも，急激に荷重をかけると衝撃応力 σ は静的な応力 σ_0 の 2 倍になり，h を大きくすると急激に大きくなります．

8.1 ひずみエネルギー

本節では，弾性体に蓄えられるエネルギー（ひずみエネルギー）について，その値の求め方を学習し，次節でこのひずみエネルギーを利用して衝撃時に生じる応力の問題を学習します．前章までは「力やモーメントのつりあい」を基本的な考え方として解いてきましたが，本章では「エネルギー保存則」を利用する点に注意しましょう．

さて，材料に外力を加えて変形させると，外力が作用する点も移動するので，外力は材料に対して仕事をしたことになります．この外力による仕事は，材料の内部にエネルギーとして蓄えられ，これを**ひずみエネルギー**といいます．また，外力を取り除くと元の状態にもどるので，**弾性エネルギー**ともいいます．

■荷重 - 伸び線図とひずみエネルギー

では，このひずみエネルギーの大きさを「荷重 - 伸び線図」で考えてみましょう．**図 8-1** は，「縦軸：荷重 P」，「横軸：伸び λ」を表す「荷重 - 伸び線図」です．荷重を断面積で割った値が応力であり，伸びを元の長さで割った値がひずみなので，荷重 - 伸び線図は応力 - ひずみ線図と同じように弾性領域では直線で表されます（つまり，応力の大きさはひずみの量に比例しています）．

伸びを λ_1 から λ_n まで $\Delta\lambda$ ずつ大きくしたとします．伸び λ_1 のとき荷重は P_1 です．仕事は「（力）×（力を加えた方向への移動距離）」なので，$P_1 \times \Delta\lambda$ となり，図 8-1 の ΔU_1 の面積に相当します．λ_2 まで伸びると荷重は P_2 になります．同様に考えると，$P_2 \times \Delta\lambda$ が次の段階での仕事 ΔU_2 になります．このように，伸びの値に応じて荷重の値が変化するので，$\Delta\lambda$ を小さくとる必要があります．λ_1 から λ_n まで移動させると，「外力がする仕事」U は線図の下側にある台形の面積に相当します．したがって，変位がゼロの状態から λ だけ伸びて，そのときの荷重の値が変位に対応して P まで増加する場合には，ひずみエネルギー U は三角形 OAB の面積になり，式で表すと

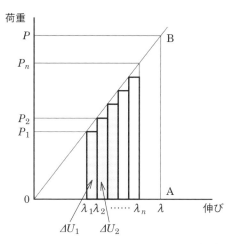

荷重

P ─────── B
P_n ──────
P_2
P_1

0

$\lambda_1 \lambda_2 \cdots\cdots \lambda_n \quad \lambda$　伸び
A

$\Delta U_1 \quad \Delta U_2$

▲図 8-1　荷重 - 伸び線図とひずみエネルギー

$$U = \frac{P\lambda}{2}$$
$\cdots\cdots$ (8.1)

となります.

　「(外力がした仕事) = (弾性体に蓄えられるエネルギー)」なので, 仕事とエネルギーは同じ単位になります. 1〔N〕の力が働いて, 1〔m〕の距離を移動したときの仕事を 1〔J〕(ジュール:Joule) といいます. つまり, 1〔J〕= 1〔Nm〕= 10^3〔Nmm〕になります.

ジュール

　エネルギーの単位ジュールは, イギリスの物理学者ジュール(James Prescott Joule, 1818-1889)にちなんでいます. 彼はいろいろな実験をしましたが, 中でも有名なのが「水のかき混ぜ実験」と呼ばれる実験です. 水をかき混ぜると温度が上昇する現象から, 熱もエネルギーのひとつの形態であることを指摘し, 機械的仕事と熱エネルギーの間の関係を調べました. したがって, 熱量の単位も

▲ジュール

8

ジュール〔J〕を用います.

　私は学生時代に自分で洗濯をしていました.今日のような全自動洗濯機はなかったので,冬に洗濯をするとかき混ぜられた水が温かくなるのが実感できました.世の中が便利になると自然界の法則を体験する機会が減るのかもしれません.たまには便利な道具に頼らず,手作業でやってみると何か新しい発見があるのではないでしょうか.

例題 1 直径 10mm,長さ 50cm の軟鋼製丸棒を 1 000N の力で引張るときに,丸棒に蓄えられるひずみエネルギーを求めなさい.ただし,軟鋼の縦弾性係数は 206GPa とします.

方針

❶ ひずみエネルギーは,式 (8.1) から計算できます.

❷ 必要な伸び λ を $\varepsilon = \dfrac{\lambda}{l}$,$\sigma = \dfrac{P}{A}$,$\sigma = E\varepsilon$(第 1 章参照)から求めます.

解

　丸棒の伸び λ と荷重 P との関係式は,ひずみの定義式:$\varepsilon = \dfrac{\lambda}{l}$,応力の定義式:$\sigma = \dfrac{P}{A}$,応力とひずみの関係式:$\sigma = E\varepsilon$ から

$$\lambda = \frac{P\,l}{A\,E} \qquad\qquad\qquad \cdots\cdots (1)$$

となります.ここで A は断面積,E は縦弾性係数を表します.したがって,式 (1) と式 (8.1) から,ひずみエネルギー U は次のようになります.

$$U = \frac{P\lambda}{2} = \frac{P}{2} \times \frac{P\,l}{A\,E} = \frac{1\,000^2 \times 0.5}{2 \times \dfrac{\pi\left(10^{-2}\right)^2}{4} \times 206 \times 10^9} = 1.5 \times 10^{-2}\ \text{〔J〕}$$

$$\cdots (2)$$

8.2 衝撃応力

衝突などで急激に加わる荷重を**衝撃荷重**といい，この荷重によって生じる応力を**衝撃応力**といいます．衝撃の問題を扱うときには，短い時間に起こる衝突の状況を逐次追跡するのではなくて，衝突前の状態（たとえば，物体が落下し始めるときの状態）と衝突後の状態（たとえば，最も変形が大きくなったときの状態）とを比較するという考え方が有効です．弾性問題の場合には「最初の状態での位置エネルギーは衝突後の変形により弾性体に蓄えられるひずみエネルギーに等しい」というエネルギー保存則が成立します．

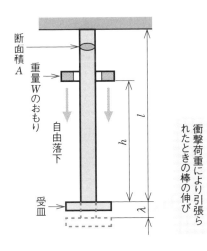

断面積 A
重量 W のおもり
自由落下
h
受皿
l
衝撃荷重により引張られたときの棒の伸び
λ

▲図8-2 衝撃引張り

図 8-2 のように，下端に受皿がついた長さ l で断面積 A の棒を吊るします．これに，重量 W のおもりを受皿からの高さ h の位置から落下させる場合を考えてみましょう．このおもりが受け皿に落ちたとき，棒は衝撃荷重により引張られます．このときの棒の伸びを λ とすると，おもりの位置エネルギー $W(h+\lambda)$ と棒に蓄えられるひずみエネルギー U とが等しいので，式 (8.1) より

$$U = \frac{P\lambda}{2} = W(h + \lambda) \qquad \cdots\cdots (8.2)$$

の関係が得られます．ここで，ひずみエネルギーを伸び λ で表すために $\sigma = \dfrac{P}{A} = E\dfrac{\lambda}{l}$ を用いて，式 (8.2) より P を消去します．つまり

$$P = \frac{AE\lambda}{l} \qquad \cdots\cdots (8.3)$$

を式 (8.2) に代入すると，次のような λ に関する 2 次方程式が得られます．

$$AE\lambda^2 - 2Wl\lambda - 2Wlh = 0 \qquad \cdots\cdots (8.4)$$

式 (8.4) を λ について解くと次のようになります．

$$\begin{aligned}
\lambda &= \frac{1}{AE}\left(Wl \pm \sqrt{W^2 l^2 + 2WlhAE}\right) \\
&= \frac{Wl}{AE} \pm \sqrt{\left(\frac{Wl}{AE}\right)^2 + 2h\left(\frac{Wl}{AE}\right)}
\end{aligned} \qquad \cdots\cdots (8.5)$$

ここで，静かにおもりを受皿に置くときの棒の伸びを λ_0 とすると

$$\lambda_0 = \frac{Wl}{AE} \qquad \cdots\cdots (8.6)$$

となります．式 (8.6) を用いて式 (8.5) を書き換えると，次のようになります．

$$\lambda = \lambda_0\left(1 \pm \sqrt{1 + \frac{2h}{\lambda_0}}\right) \qquad \cdots\cdots (8.7)$$

ここで，λ の解が ± 符号を含んで 2 つ存在するのは，λ が λ_0 を中心として振動することを意味しています．したがって，正符号のときに伸びは最大になり，このときの最大衝撃応力 σ は次のようになります．

$$\sigma = \frac{\lambda}{l}E = \sigma_0\left(1 + \sqrt{1 + \frac{2h}{\lambda_0}}\right) \qquad \cdots\cdots (8.8)$$

ここで，$\sigma_0 = \dfrac{\lambda_0}{l}E$ は静かにおもりを置くときの棒の応力を表します．この式でわかるように，限りなく受皿に近い高さから落下させたとして，$h = 0$ とすると

$$\sigma = \sigma_0\left(1 + \sqrt{1 + \frac{2 \times 0}{\lambda_0}}\right) = \sigma_0(1 + 1) = 2\sigma_0 \qquad \cdots\cdots (8.9)$$

となり，静荷重による応力 σ_0 の 2 倍になっていることがわかります．したがって，式 (8.7) と式 (8.8) において，「たとえ高さ h がゼロであっても，急激に荷重をかけると，最大伸びと最大衝撃応力とも静的な負荷の場合の 2 倍になる」ことに注意してください．

かなづち

かなづちを使うときには，叩いて釘に衝撃荷重を与えます．た
とえ釘に体重をかけて押し込むことができないような場合でも，か
なづちを少し振り上げて叩くだけで簡単に釘を打ち込むことができ
きます．これは衝撃応力が静的な応力よりも格段に大きいことに
よるものです．たとえば質量 200〔g〕のかなづちを断面積 2〔mm²〕，
長さ 5〔cm〕の釘（縦弾性係数：206〔GPa〕）の上に静かに置い
たときに生じる応力 σ_0，縮み λ_0 はそれぞれ

$$\sigma_0 = \frac{P}{A} = \frac{-0.2 \times 9.8}{2 \times 10^{-6}} = -0.98 \text{〔MPa〕} \qquad \cdots\cdots (1)$$

$$\lambda_0 = \frac{Pl}{AE} = \frac{(0.2 \times 9.8) \times (5 \times 10^{-2})}{(2 \times 10^{-6}) \times (206 \times 10^{9})} = 0.238 \times 10^{-6} \text{〔m〕} \cdots (2)$$

となりますが，釘の先端を非常に硬い物体にあてて，高さ 40〔cm〕
の位置からかなづちを落下させると

$$\sigma = \sigma_0 \left(1 + \sqrt{1 + \frac{2h}{\lambda_0}} \right)$$

$$= -0.98 \times \left(1 + \sqrt{1 + \frac{2 \times 0.4}{0.238 \times 10^{-6}}} \right) = -1.8 \text{〔GPa〕} \qquad \cdots\cdots (3)$$

の衝撃圧縮応力が生じることになります．

実際に釘を打ち込むときは，腕力を加えて振り下ろすことによっ
て，釘が板の中にめり込んでいくので，この計算とはだいぶ状況
が変わってきます．しかし，この計算
結果だけでも，かなづちを使うと容易
に釘を打ち込むことができる理由は理
解できます．我々は知らず知らずのう
ちに力学の原理を利用しています．

ところで，ボノボという類人猿は石
をたたき割って，石器を作ります．一
体どうして彼らは衝撃応力の利用方法
を知っているのでしょうか？

▲ボノボ

例題 2

図 8-3 のように長さ 1m, 断面積 1cm² の棒を吊るし, 高さ 0.8m の位置から質量 1kg のおもりを落下させました. 棒に生じる衝撃応力と静かにおもりを置いたときに生じる応力を求めなさい. ただし, 棒の縦弾性係数を 206GPa とします.

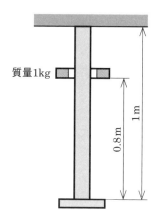

質量1kg

0.8m

1m

▲図 8-3

方針

❶ おもりを静かに置いたときに棒に生じる応力と棒の伸びを求めます.
❷ 衝撃荷重を式 (8.8) から求めます.

解

おもり (重量 9.8 〔N〕) を静かに置いたときに棒に生じる応力 σ_0 と棒の伸び λ_0 とはそれぞれ

$$\sigma_0 = \frac{P}{A} = \frac{9.8}{1 \times \left(10^{-2}\right)^2} = 9.8 \times 10^4 \ \text{(Pa)} \qquad \cdots\cdots (1)$$

$$\lambda_0 = \frac{Pl}{AE} = \frac{9.8 \times 1}{\left(1 \times \left(10^{-2}\right)^2\right) \times \left(206 \times 10^9\right)} = 0.476 \times 10^{-6} \ \text{(m)} \quad \cdots\cdots (2)$$

となります. 式 (8.8) より, 衝撃応力 σ は次のようになります.

$$\sigma = \sigma_0 \left(1 + \sqrt{1 + \frac{2h}{\lambda_0}}\right)$$

$$= 9.8 \times 10^4 \times \left(1 + \sqrt{1 + \frac{2 \times 0.8}{0.476 \times 10^{-6}}}\right) = 180 \ \text{(MPa)} \qquad \cdots\cdots (3)$$

1 図1(a) ～ (c) のような棒に，同じ大きさの引張り荷重を負荷させるとき，それぞれの棒に蓄えられるひずみエネルギーを比較しなさい．

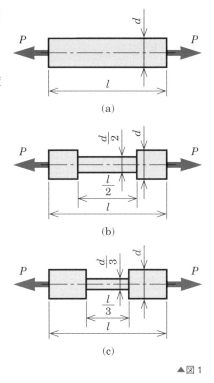

(a)

(b)

(c)

▲図1

2 静荷重を 2 000N 負荷すると，1mm 伸びる棒材があります．この棒材に**図2**のように重量 100N のおもりを 10cm の高さから落下させた場合，衝撃荷重による伸びを求めなさい．

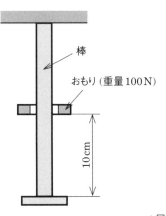

棒

おもり（重量100N）

10cm

▲図2

3 図3（a），（b）のはりに蓄えられるひずみエネルギーはそれぞれ $\dfrac{P^2 l^2}{6EI}$，$\dfrac{P^2 l^3}{96EI}$ となることを導出しなさい．ただし，はりの断面二次モーメント I，縦弾性係数 E とします．

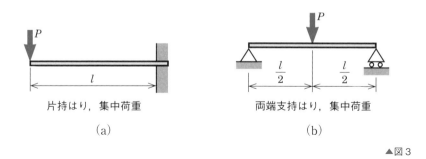

片持はり，集中荷重

(a)

両端支持はり，集中荷重

(b)

▲図3

4 7章の例題2（p.189）においてトラス構造物全体のひずみエネルギーを求めなさい．また，この結果と「外力がした仕事がひずみエネルギーとして蓄えられる」の考え方を利用して，点Cの変位を求めなさい．ただし，全ての部材の断面積は A〔m^2〕，縦弾性係数 E〔Pa〕で同一とします．

第 9 章

組み合わせ応力

ポイント

　これまでに，引張り，圧縮，曲げ，ねじりなどの変形のときに生じる応力を学習してきました．実際にはこれらが絡み合って，2つ以上の作用が同時に働いたりします．ここでは応力が組み合わされて生じる組み合わせ応力について学習していきましょう．

　この場合に重要なことは，「応力はテンソル量である」ということです．力のようなベクトル量との違いを理解しましょう．

　テンソル量は座標軸を回転させるとその成分の値が複雑に変化しますが，うまく式を変形すると円の方程式で表されます．モールの応力円はこのようにして導かれたものです．主応力，最大せん断応力などは，モールの応力円で考えると簡単に求めることができます．たとえば，ねじりと曲げを受ける軸では，「ねじり応力」と「曲げ応力」を別々に計算しただけでは不十分です．座標軸を回転させるとこれらの値が変わるからです．そこで，ねじりの解析から得られたせん断応力と曲げの解析から得られた垂直応力とからモールの応力円を描き，この作図から求められる主応力や，最大せん断応力と許容応力を比較します．

9.1 傾斜面に生じる応力

これまでに、棒やはりに引張り、圧縮、曲げ、ねじりが単独に作用する場合を学習してきました。本章では、これらが2つ以上同時に作用する場合を取り扱います。このようなときに生じる応力を**組み合わせ応力**といい、本章では、一例として「曲げとねじりを受ける軸」(9.3節)を学習します。

この組み合わせ応力の解析には、**モールの応力円** (9.2節)を利用します。しかし、初めて材料力学を学習する人にとって、モールの応力円の意味がわかり難いので、最初に傾斜面に生じる応力 (9.1節)について学習します。以上の一連の解析を通して「応力はテンソルである」ことを理解してください (9.4節:応力テンソル)。では、このような本章の構成を頭の片隅において読み進んでください。

9.1.1 軸方向に荷重を受ける場合

図 9-1(a)のように軟鋼の板状試験片を引張り試験すると、引張り軸と45°傾いた方向にすべり線を観察できます。これは斜めの方向にせん断力が生じて、**図 9-1**(b)のようにすべりが生じたためです。このことを正しく理解するためには「応力」という物理量の本質を理解しなければなりません。そこで、**図 9-2**(a)のように、x 軸方向に引張り荷重 P_x が作用するとき、x 軸に垂直な分割面 AB に生じる応力と、面 AB に対して反時計回りに θ だけ傾いた分割面 CD に生じる応力とについて調べてみましょう。

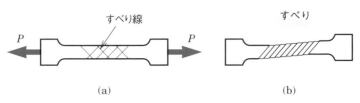

(a)   (b)

▲図 9-1　すべり線

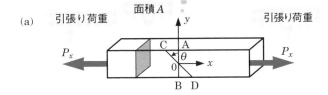

(a)

面積 A

引張り荷重　　　　　　　　　　　　引張り荷重

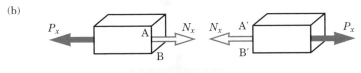

(b)

面積 A

分割面に垂直な内力

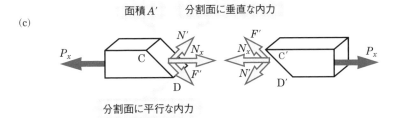

(c)

面積 A'　　　分割面に垂直な内力

分割面に平行な内力

▲図9-2　x 軸方向に荷重を受ける場合

分割面 AB での垂直応力とせん断応力

　まず図 9-2(b) のように，外力 P_x が作用している棒を AB で仮想的に分割すると，分割面に垂直な力（軸力）N_x（$= P_x$）が生じていると考えられます．また，分割面に平行な力（せん断力）F はゼロになります．この面の面積を A とすると，垂直応力 σ_x とせん断応力 τ_{xy} とは，それぞれ（応力 $= \dfrac{\text{内力}}{\text{断面積}}$）となり，次のようになります．

$$\sigma_x = \frac{N_x}{A} = \left(\frac{P_x}{A}\right), \quad \tau_{xy} = \frac{F}{A} = 0 \qquad \cdots\cdots (9.1)$$

分割面 CD での垂直応力とせん断応力

　では，傾斜した面 CD で仮想的に分割してみましょう．分割面全体に生じる内力 N_x（分割面全体に作用する力 N_x は，面 AB で分割しようと面 CD で分割しようと同じです）は，図 9-2(c) のように分割面に垂直な力 N' と平行な力 F' に分解できます．N' と F' は，それぞれ

$$N' = N_x \cos\theta, \quad F' = N_x \sin\theta \qquad \cdots\cdots (9.2)$$

となります．このとき，分割面 CD の面積 A' は

$$A' = \frac{A}{\cos\theta} \qquad \cdots\cdots (9.3)$$

となります．したがって，単位面積あたりの内力 σ' と τ' とは

$$\sigma' = \frac{N'}{A'} = \frac{N_x}{A}\cos^2\theta = \sigma_x\cos^2\theta \qquad \cdots\cdots (9.4)$$

$$\tau' = \frac{F'}{A'} = \frac{N_x}{A}\sin\theta\cos\theta = \sigma_x\sin\theta\cos\theta = \frac{\sigma_x}{2}\sin2\theta \qquad \cdots\cdots (9.5)$$

と表されます．このとき，σ' は分割面に垂直な内力 N' から導かれるので垂直応力になります．また，τ' は分割面に平行な内力 F' から導かれるのでせん断応力になります．これらの垂直応力とせん断応力の定義は，分割面がどのように傾斜していても，同じ考え方を適用します．

　垂直応力 σ' の最大値 σ'_{max} は，式 (9.4) から，$\theta = 0°$ のとき $\sigma'_{max} = \sigma_x$ となります．また，せん断応力 τ' の最大値 τ'_{max} は，式 (9.5) から，$\sin2\theta = 1$ のとき，すなわち $\theta = 45°$ のとき $\tau'_{max} = \frac{\sigma_x}{2}$ となります．このように棒を単純に引張った場合でも，引張り応力以外に分割面の角度を変えるだけでせん断応力が生じます．したがって，引張り荷重が作用していても，軟鋼のように内部で滑りが起こりやすい材料では $\theta = 45°$ の面で「滑ろう」とします（図 9-1 参照）．また，鋳鉄のように滑りが起こりにくい材料では $\theta = 0°$ の面で「分離しよう」とします（**図 9-3** 参照）．これが材料の「壊れ方」の違いになります．

y 軸方向に荷重を受ける場合

　次に，**図 9-4**(a) のように，y 軸方向に荷重 P_y が作用する場合はどうでしょう．図 9-4(b) のように AB で仮想的に分割すると，分割面に作用する力 N_y（$= P_y$）と，分割面に平行な力 F（$= 0$）とが生じていると考えられます．この面積を B とすると，垂直応力 σ_y とせん断応力 τ_{xy} とは，それぞれ次のようになります．

$$\sigma_y = \frac{N_y}{B} = \left(\frac{P_y}{B}\right), \quad \tau_{xy} = \frac{F}{B} = 0 \qquad\qquad \cdots\cdots (9.6)$$

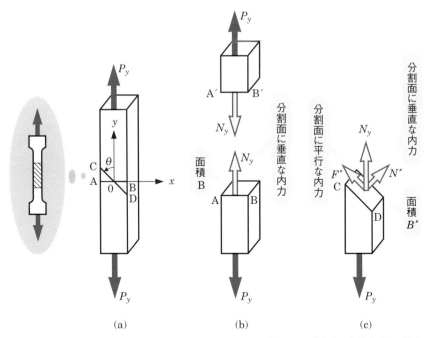

(a)　　　　　　　　　(b)　　　　　　　　　(c)

▲図9-4　y 軸方向に荷重を受ける場合

では，図9-2で考えたときと同じように傾斜した面CDで分割してみましょう．分割面CDはy軸から反時計回りにθ傾いた面になります．この面に生じる内力を図9-4(c)のように分割面に垂直な力N''と平行な力F''に分解することができます．N''とF''とは，それぞれ

$$N'' = N_y \sin\theta , \quad F'' = N_y \cos\theta \qquad \cdots\cdots (9.7)$$

となります．このとき，分割面CDの断面積B''は

$$B'' = \frac{B}{\sin\theta} \qquad \cdots\cdots (9.8)$$

となります．したがって，単位面積あたりの内力σ''（垂直応力）とτ''（せん断応力）は，それぞれ

$$\sigma'' = \frac{N''}{B''} = \frac{N_y}{B} \sin^2\theta = \sigma_y \sin^2\theta \qquad \cdots\cdots (9.9)$$

$$\tau'' = \frac{F''}{B''} = \frac{N_y}{B} \sin\theta \cos\theta = \sigma_y \sin\theta \cos\theta = \frac{\sigma_y}{2} \sin 2\theta \qquad \cdots\cdots (9.10)$$

と表されます．x軸方向に荷重が作用する場合でも，y軸方向に荷重が作用する場合でも，同じ考え方で傾斜面に生じる応力を求めることができますが，結果として得られる応力σ', σ'', τ', τ''は，互いに少し異なることに注意してください．

9.1.2 せん断応力が生じる荷重を受ける場合

9.1.1 節では，引張り荷重が作用する場合において，傾斜した分割面に生じる応力について学習してきました．ここではせん断応力が生じるような荷重が作用する場合，傾斜した分割面に生じる応力について学習していきましょう．

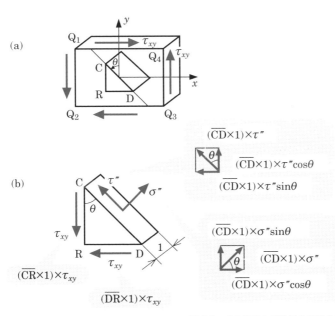

▲図9-5　せん断応力が生じる荷重を受ける場合

図 9-5(a) のように，四角形 $Q_1 Q_2 Q_3 Q_4$ の板にせん断応力 τ_{xy} が生じるように荷重が作用している場合を考えてみましょう．この四角形の中に，y 軸から反時計回りに θ だけ傾いた斜面をもつ三角形板 CRD を仮想的に取り出します（図9-5(b) 参照）．分割面で物体を分けると，それぞれの領域で力のつりあいを考えればよいことになるので，取り出した三角形板 CRD の力のつりあいを考えてみましょう．取り出した三角形板の切り口の面積を計算するために，3辺の長さを $\overline{CD}$, $\overline{CR}$, $\overline{RD}$ とし，厚さを 1 とします．「(力)＝(面積)×(応力)」なので，x 軸方向の力は次の3つになります．

面 DR に作用する力：$(\overline{\text{DR}} \times 1) \times \tau_{xy}$

面 CD に作用する力：$((\overline{\text{CD}} \times 1) \times \sigma'' \cos\theta,\ (\overline{\text{CD}} \times 1) \times \tau'' \sin\theta$

したがって，三角形板 CRD の x 軸方向の力のつりあいは

$$\overline{\text{CD}} \times \sigma'' \cos\theta - \overline{\text{CD}} \times \tau'' \sin\theta - \overline{\text{DR}} \times \tau_{xy} = 0 \qquad \cdots\cdots (9.11)$$

となります．$\dfrac{\overline{\text{DR}}}{\overline{\text{CD}}} = \sin\theta$ の関係を用いると，次のように，三角形の辺の長さとは無関係になります．

$$\sigma'' \cos\theta - \tau'' \sin\theta - \tau_{xy} \sin\theta = 0 \qquad \cdots\cdots (9.12)$$

同様に，y 軸方向の力は次の 3 つになります．

面 CR に作用する力：$(\overline{\text{CR}} \times 1) \times \tau_{xy}$

面 CD に作用する力：$(\overline{\text{CD}} \times 1) \times \sigma'' \sin\theta,\ (\overline{\text{CD}} \times 1) \times \tau'' \cos\theta$

したがって，三角形板 CRD の y 方向の力のつりあいは，

$$\overline{\text{CD}} \times \sigma'' \sin\theta + \overline{\text{CD}} \times \tau'' \cos\theta - \overline{\text{CR}} \times \tau_{xy} = 0 \qquad \cdots\cdots (9.13)$$

となります．$\dfrac{\overline{\text{CR}}}{\overline{\text{CD}}} = \cos\theta$ の関係を用いると

$$\sigma'' \sin\theta + \tau'' \cos\theta - \tau_{xy} \cos\theta = 0 \qquad \cdots\cdots (9.14)$$

となります．式 (9.12) と (9.14) とを連立させて σ'' と τ'' について解くと，傾斜した分割面 CD に生じる垂直応力とせん断応力が次のように得られます．

$$\sigma'' = 2\tau_{xy} \sin\theta \cos\theta \qquad \cdots\cdots (9.15)$$

$$\tau'' = \tau_{xy} \left(\cos^2\theta - \sin^2\theta \right) \qquad \cdots\cdots (9.16)$$

軸方向荷重とせん断荷重を受ける場合

9.1.1 節，9.1.2 節で学習してきた垂直応力とせん断応力が同時に作用する場合，傾斜面に生じる応力について考えてみましょう．

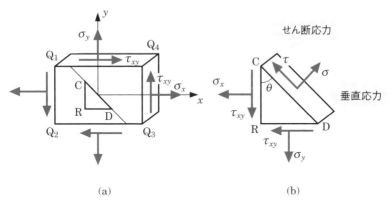

(a)   (b)

▲図 9-6　軸方向荷重とせん断荷重を受ける場合

図 9-6(a) のように，垂直応力 σ_x と σ_y，せん断応力 τ_{xy} が同時に作用している場合を考えてみましょう．y 軸と θ だけ傾いた面の垂直応力を σ，せん断応力を τ とします（図 9-6(b) 参照）．垂直応力 σ は，式 (9.4)，式 (9.9)，式 (9.15) のすべてを重ね合わせて，次のように得られます．

$$
\begin{aligned}
\sigma &= \sigma' + \sigma'' + \sigma''' \\
&= \sigma_x \cos^2\theta + \sigma_y \sin^2\theta + 2\tau_{xy}\sin\theta\cos\theta \\
&= \frac{1}{2}(\sigma_x + \sigma_y) + \frac{1}{2}(\sigma_x - \sigma_y)\cos 2\theta + \tau_{xy}\sin 2\theta
\end{aligned}
$$
$\cdots\cdots$ (9.17)

せん断応力 τ は，式 (9.5)，式 (9.10)，式 (9.16) のすべてを重ね合わせて，次のように得られます．

$$
\begin{aligned}
\tau &= -\tau' + \tau'' + \tau''' \\
&= -(\sigma_x - \sigma_y)\sin\theta\cos\theta + \tau_{xy}(\cos^2\theta - \sin^2\theta) \\
&= -\frac{1}{2}(\sigma_x - \sigma_y)\sin 2\theta + \tau_{xy}\cos 2\theta
\end{aligned}
$$
$\cdots\cdots$ (9.18)

このとき，τ' の符号に注意（図 9-2(c) 中の F' と，図 9-4(c) 中の F'' との向きに注意）しましょう．

9

組み合わせ応力

三角関数に関する公式

式 (9.17), (9.18) では，次のような三角関数の「半角の公式」,「倍角の公式」と呼ばれる関係式を用いています．

$$\cos^2\theta = \frac{1+\cos 2\theta}{2}, \quad \sin^2\theta = \frac{1-\cos 2\theta}{2}, \quad 2\sin\theta\cos\theta = \sin 2\theta$$

もちろん，これらの公式を正確に記憶していれば申し分ありませんが，記憶していなくても三角関数の意味さえ知っていれば，材料力学の問題を解くには十分です．「三角関数の 2 次式⇔三角関数の 1 次式」のように変換したいときに，公式の存在を思い出し，数学の公式集を見るのでも十分です．

ここで，内力を分割面に対する垂直方向と水平方向との成分に分解すると，三角関数の 1 次式になる（式 (9.2) あるいは式 (9.7) 参照）のに対して，応力成分を同様に分解すると，三角関数の 2 次式になる（式 (9.4), (9.5) あるいは式 (9.9), (9.10) 参照）ことに注意する必要があります．

たとえば式 (9.2) では，「分割面に生じる力 N_x」を「分割面に垂直な力 N'」と「平行な力 F'」に分解しています．このとき，仮想分割面の方向が変わると，「作用する力の方向」だけが変わります．

一方，式 (9.4) では，分割面の単位面積あたりの内力を求めたもので，仮想分割面の方向が変わると，「作用する力の方向」と「分割面の面積」の 2 つが同時に変化します．このことが取り扱いの上で「応力」と「力」との大きな違いになり，後述する「ベクトル」と「テンソル」の違いにつながっていきます．「ベクトル」と「テンソル」というと頭の中が混乱しそうですが，材料力学を学習する上では非常に重要です．ここまでの考え方をしっかり整理しておきましょう．

　応力は仮想分割面に作用する単位面積あたりの内力の大きさです．したがって，前節のように仮想分割面の方向を変えると，断面積の値と内力の大きさの両方を考えに入れなければなりません．

　では，**図 9-7**(a) のように xy 座標系から，**図 9-7**(b) のように反時計回りに θ だけ回転させた場合（$x'y'$ 座標系）に変えて考えてみましょう（座標軸の回転に伴い，分割面を θ だけ傾けて考える）．このとき，**図 9-7**(a) の応力成分 σ_x と τ_{xy} は，図 9-7(b) の σ と τ の値に変わることになりますが，「座標軸の回転による応力」の変化は前節で考えた「傾斜面に生じる応力」を考えることに相当しています（図 9-7(c) 参照）．つまり，「傾斜面に垂直な応力と平行な応力とを考えること」と「直交している xy 軸を回転させて得られる新しい $x'y'$ 座標軸を考えて，作用している応力を $x'y'$ 座標で考えること」とは同じことを意味しています．したがって，座標軸の回転後の応力成分を式 (9.17) と (9.18) から解くことができます．しかし，これらの式は複雑で，具体的なイメージをつかみ難い問題点があります．

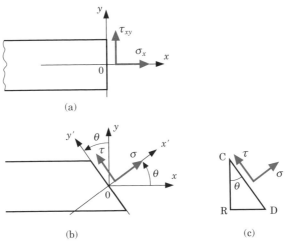

▲図 9-7　座標軸の回転と応力成分の変化

そこで，本節ではモールの応力円を使って解くことにします．モールの応力円を描くことにより，複雑な計算をすることなく座標変換後の応力の値を簡単に得ることができるのです．

式 (9.17) と (9.18) の両辺を 2 乗して加え合わせると θ を消去できて

$$\left(\sigma - \frac{\sigma_x + \sigma_y}{2}\right)^2 + \tau^2 = \left(\frac{\sigma_x - \sigma_y}{2}\right)^2 + \tau_{xy}^2 \qquad \cdots \cdot (9.19)$$

となります．これはちょうど σ - τ を座標軸とすると，**図 9-8** のように点 C $\left(\frac{1}{2}(\sigma_x + \sigma_y), 0\right)$ を中心とする半径 $\frac{1}{2}\sqrt{(\sigma_x - \sigma_y)^2 + 4\tau_{xy}^2}$ の円の方程式になります．これを**モールの応力円**といい，<u>円周上の点は座標変換による応力成分の値を表しています</u>．

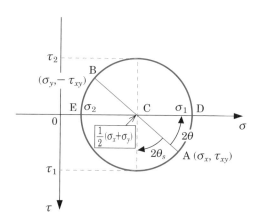

▲図 9-8　モールの応力円

材料力学の基礎：なるほど雑学

モールの応力円

　材料力学で「モールの応力円」が登場すると，とたんにわからなくなるという声をよく聞きます．この円は「座標軸の取り方を変えたときに応力成分がどのように変わるかを図的に表しているもの」です．このような作図は「応力が**テンソル**なので，座標軸の回転による応力成分の変化が簡単に得難い」ことに端を発しています．では，いったいテンソルとは何かって？　もう少し後で説明しましょう．

そもそも座標軸は問題を記述するために我々が勝手に決めたものです．ある座標軸で応力の値を評価すると小さいけれども，別の方向に座標軸をとると，その値が大きくなるということが起こります．このままでは強度計算ができないので，設計に適する方法で応力を評価しなければなりません．ここに「モールの応力円」の意義があります．

9.2.2 主応力と最大せん断応力

モールの応力円の作図から，座標軸を回転させたときの最大・最小の垂直応力，最大せん断応力の値を求めることができます．

図9-8においてσ軸と交わる点D, Eではせん断応力がゼロとなります．このように，せん断応力がゼロとなる垂直応力σ_1とσ_2を主応力といいます．図9-8から，主応力σ_1，σ_2の値はそれぞれ「応力円の中心の値＋半径の大きさ」，「応力円の中心の値－半径の大きさ」となるので

$$\left.\begin{array}{c}\sigma_1 \\ \sigma_2\end{array}\right\} = \frac{1}{2}\left(\sigma_x + \sigma_y\right) \pm \frac{1}{2}\sqrt{\left(\sigma_x - \sigma_y\right)^2 + 4\tau_{xy}^2} \qquad \cdots\cdots (9.20)$$

と表されます．つまり，ある方向にxy座標軸をとり，そのときの応力成分σ_x，σ_y，τ_{xy}がわかっているとき，式(9.20)から主応力σ_1，σ_2が求められます．また，主応力が生じる面を主面といい，その方向θはモールの応力円では，xy座標軸での応力状態を表す図9-8中の点A（σ_x，τ_{xy}）から2θの角度で表されて，次のようになります．

$$\tan 2\theta = \frac{2\tau_{xy}}{\sigma_x - \sigma_y} \qquad \cdots\cdots (9.21)$$

式(9.21)は，図9-8において，AB間の垂直距離：$2\tau_{xy}$，AB間の水平距離：$\sigma_x - \sigma_y$，となることから幾何学的に確かめることができます．この図9-8において「点Aから反時計回りに2θだけ円周上を移動すると，（σ_1，0）の点になること」は，**図9-9**のように「最初に設定したxy座標軸から反時計回りにθだけ回転した$x'y'$座標軸では，垂直応力のみが作用してせん断応力はゼロになること」を意味しています．

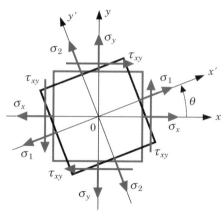

　モールの応力円において「τ 軸の下向きを正方向」にするのは，式 (9.21) で得られる θ の方向と，図 9-9 のような座標軸の回転方向とを同じにするためです．また，式 (9.21) において角度が 2θ の値で表されているのは，θ を消去する前の式 (9.17)，(9.18) において，『三角関数の 2 次式 → 三角関数の 1 次式』という式変形により，角度が『θ → 2θ』に変わったためです．

　次に，最大せん断応力 τ_1 と τ_2 を考えてみましょう．これらの値は図 9-8 から「半径の大きさ」となるので，次のように表されます．

$$\left.\begin{array}{c}\tau_1\\\tau_2\end{array}\right\} = \pm \frac{1}{2}\sqrt{(\sigma_x - \sigma_y)^2 + 4\tau_{xy}^2} \quad\quad \cdots\cdots (9.22)$$

また，最大せん断応力は座標軸を反時計回りに θ_s だけ回転したときに生じ，モールの応力円では点 A $(\sigma_x,\ \tau_{xy})$ から $2\theta_s$ の角度で表されて次式になります（図 9-8 において，$\theta_s < 0$：時計回り）．

$$\tan 2\theta_s = -\frac{\sigma_x - \sigma_y}{2\tau_{xy}} \quad\quad \cdots\cdots (9.23)$$

　モールの応力円を描くと，式 (9.20) 〜 (9.23) は，いずれも式そのものを記憶しなくても簡単に導くことができます．主応力は「引き離そう（押さえつけよう）とする応力が最大になる」値を表し，最大せん断応力は「滑ろうとするせん断応力が最大になる」値を表しています．たとえば，設計のときに許容引張り（圧縮）応力や許容せん断応力と計算値との比較が重要になります．図 9-8 で見てみると，図中の点 A (σ_x, τ_{xy}) の応力を応力解析によって得たとしても，この応力値 σ_x や τ_{xy} と許容応力を比較

しても意味がありません．このようなときには，主応力 σ_1，σ_2 と許容引張り（圧縮）応力を比較し，最大せん断応力 τ_1, τ_2 と許容せん断応力を比較する必要があります．これらのことはモールの応力円を描くことにより簡単に得られます．

9.2.3　モールの応力円を描く手順

応力成分 σ_x, σ_y, τ_{xy} が与えられたときに，モールの応力円を描く手順は図 9-10 のようにまとめられます．

手順	作業内容	
❶ 座標軸の設定	横軸に σ（右向きを正），縦軸に τ（下向きを正）をとる．	
❷ 直径の決定	$\sigma - \tau$ 座標系で，2 点 $A(\sigma_x,\ \tau_{xy})$ と点 $B(\sigma_y,\ -\tau_{xy})$ をとる．	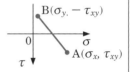
❸ 円を描く	2 点を直径とする円を描く中心は $\left(\dfrac{1}{2}(\sigma_x + \sigma_y), 0\right)$．$\angle$ ACD は 2θ となる．	
❹ 主応力	円周と横軸との交点が主応力方向：$\tan 2\theta = \dfrac{2\tau_{xy}}{\sigma_x - \sigma_y}$	
❺ 最大せん断応力	τ の最大値が最大せん断応力方向：$\tan 2\theta_s = -\dfrac{\sigma_x - \sigma_y}{2\tau_{xy}}$	

▲図 9-10　モールの応力円による解析手順

9

組み合わせ応力

モールの応力円と応力状態との関係を，いくつかの例から考えてみましょう．モールの応力円が描かれているときには，「主応力」と「応力円の半径」に注目するとよいでしょう．

■主応力に注目する

　主応力に注目して**図 9-11** を見ると，次のことがわかります．図 9-11(a) は「二軸圧縮」であり，2 つの主応力がそれぞれ正と負の領域にある場合は「一軸引張り，一軸圧縮」（図 9-11(b) 参照）となります．代表的な引張り試験である「一軸引張り」は，モールの応力円では図 9-11(c) のように原点を通る円で描かれ，図 9-11(d) は「二軸引張り」になることは容易に理解できます．

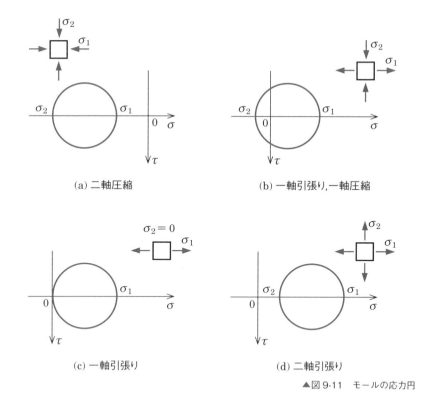

(a) 二軸圧縮

(b) 一軸引張り,一軸圧縮

(c) 一軸引張り

(d) 二軸引張り

▲図 9-11　モールの応力円

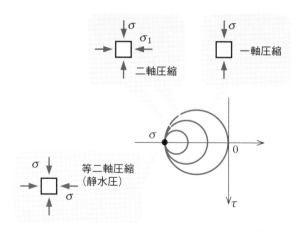

▲図 9-12　モールの応力円

■応力円の半径に注目する

　次に，モールの応力円の半径に注目してみましょう．式 (9.22) から，応力円の半径の大きさはせん断応力に対応しているので，応力円が大きくなるほど大きなせん断応力が生じていることになります．

・一軸圧縮

　たとえば，最初に**図 9-12** のように「一軸圧縮 (応力 $\sigma < 0$)」の状態を考えてみましょう．このとき，応力円の半径は $\left| \dfrac{\sigma}{2} \right|$ になります．

・二軸圧縮

　次に，圧縮応力 σ はそのままで，もう 1 つの軸方向に圧縮応力 $\sigma_1(\sigma < \sigma_1 < 0)$ を負荷した状態を考えてみましょう．応力状態は図 **9-12** の「二軸圧縮」になり，応力円の半径はさきほどより小さくなります．つまり，せん断応力は減少します．

・等二軸圧縮

　さらに，圧縮応力 σ_1 の絶対値を大きくすると，応力円では 1 つの主応力 σ_1 がもう 1 つの主応力 σ に近づき，応力円の半径が次第に小さくなります．$\sigma_1 = \sigma$ となると，図 **9-12** の「等二軸圧縮」と呼ばれる状態になり，半径がゼロの円で表されます．この状態は，液体中にある物体のように周囲から静水圧を受ける場合に相当します．このときは，せん断応力はゼロ（せん断ひずみはゼロ）になり，ゆがむことなく体積が減少するように変形します．

例題1	図 9-13 のように，$\sigma_x = 40$〔MPa〕，$\sigma_y = -50$〔MPa〕，$\tau_{xy} = 30$〔MPa〕のとき，次の問いに答えなさい．

❶ 主応力の大きさとその方向

❷ 最大せん断応力とその方向

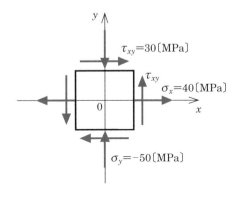

▲図 9-13

方針

図 9-10 の手順に従って応力円を描き，解析します．

解

モールの応力円を描くと，**図 9-14**(a) のようになります．このとき，応力円の中心の位置 C は $\sigma = \dfrac{40-50}{2} = -5$〔MPa〕，$\tau = 0$〔MPa〕で，半径は $\sqrt{45^2 + 30^2} = 54.1$〔MPa〕となります（図 9-14(b) 参照）．

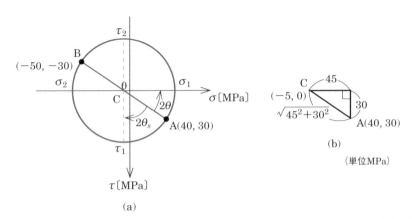

(a)

(b)

（単位MPa）

▲図 9-14

❶ 図9-14(a) より，主応力の値は

$$\sigma_1 = -5+54.1 = 49.1 \ (\mathrm{MPa}),$$
$$\sigma_2 = -5-54.1 = -59.1 \ (\mathrm{MPa}) \qquad \cdots\cdots (1)$$

となります．主応力の方向は，式 (9.21) より

$$\tan 2\theta = \frac{2\tau_{xy}}{\sigma_x - \sigma_y} = \frac{2 \times 30}{40 - (-50)} = \frac{2}{3} \qquad \cdots\cdots (2)$$

となり，$\theta = \dfrac{1}{2}\tan^{-1}\dfrac{2}{3} = 16.8°$ を得ます．この応力状態は**図 9-15**(a) に相当します．

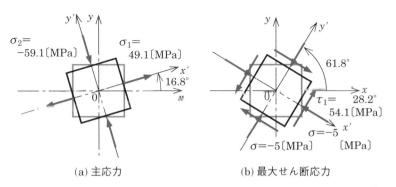

(a) 主応力　　　　　　　(b) 最大せん断応力

▲図 9-15

❷ 図9-14(a) より，最大せん断応力の値 $\tau_{\max}$ は

$$\tau_{\max} = \pm 54.1 \ (\mathrm{MPa}) \qquad \cdots\cdots (3)$$

となります．最大せん断応力の方向は，式 (9.23) より

$$\tan 2\theta_s = -\frac{\sigma_x - \sigma_y}{2\tau_{xy}} = -\frac{40 - (-50)}{2 \times 30} = -\frac{3}{2} \qquad \cdots\cdots (4)$$

となり，$\theta_s = \dfrac{1}{2}\tan^{-1}\left(-\dfrac{3}{2}\right) = -28.2°$ を得ます．この応力状態は図 9-15(b) に相当します．

モール Christian Otto Mohr（1835-1918）

　モールはドイツの鉄道技師で，後にシュトットガルト工科大学とドレスデン工科大学の教授を歴任しました．話し方が上手であったわけではないようですが，「最良の教師」と学生から慕われていました．

▲モール

　さて，モールは作図で力学の問題を解くことに興味があったようで，「モールの応力円」も彼のこの考え方から生れたものでしょう．当時はコンピュータなどなく，多くの研究者が作図による力学の問題の解法を研究していたので，当時では広く行われた方法だったのかもしれません（現在では，コンピュータで解析するのが流行のように）．式 (9.17)，式 (9.18) ではわかり難くても，式 (9.19) あるいは図9-8（p.214）ならよくわかります．モールの応力円に限らず，何かわかり難いことがあった場合，我々は「適切な図を描くことにより理解を深められる」ことをよく経験します．

　現在では，作図をしなくともコンピュータの解析により，値を得ることができるようになりました．しかし，コンピュータがどのように発達しても，人間が物事の本質を理解しなければ，何にもなりません．我々の理解を助けるための作図が，材料力学の世界から姿を消してしまうことはあり得ないでしょう．

9.3 曲げとねじりを受ける軸

　伝動軸に歯車やベルト車を取付けると，軸は駆動力を伝えるねじりモーメントとベルトの張力などによる曲げモーメントを同時に受けます．この場合には，ねじりによりせん断応力（ねじり応力）が生じると同時に，曲げにより垂直応力（曲げ応力）が生じます．このように，一つ一つの作用により生じる応力が組み合わされたものを**組み合わせ応力**と言います．

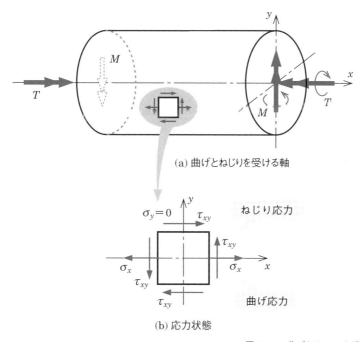

(a) 曲げとねじりを受ける軸

(b) 応力状態

▲図 9-16　曲げとねじりを受ける軸

　たとえば**図 9-16**(a) のように，直径 d の中実軸に曲げモーメント M が作用すると，最大曲げ応力は

$$\sigma_x = \frac{M}{Z} = \frac{32}{\pi d^3} M \quad (Z：中立軸に関する断面係数) \quad \cdots\cdots (9.24)$$

となります（式 (4.12) 参照）．ここで，断面係数 Z は表 4-1 から $Z = \dfrac{\pi d^3}{32}$ となります．

また，ねじりモーメント T が作用すると，最大ねじり応力は

$$\tau_{xy} = \frac{T}{Z_p} = \frac{16}{\pi d^3} T \qquad \cdots\cdots (9.25)$$

となります（式 (5.10) 参照）．ここで，極断面係数 Z_p は，式 (5.13) から $Z_p = \dfrac{\pi d^3}{16}$ となります．これ以外に外力が作用していないので，$\sigma_y = 0$ となります（図 9-16(b) 参照）．したがって，この応力状態をモールの応力円で描くと，**図 9-17** のようになります．この応力円と式 (9.24)，(9.25) とから，主応力 σ_1 は次のように得られます．

$$\begin{aligned}
\sigma_1 &= \frac{1}{2}\sigma_x + \frac{1}{2}\sqrt{\sigma_x^2 + 4\tau_{xy}^2} \\
&= \frac{32}{\pi d^3}\left\{\frac{1}{2}\left(M + \sqrt{M^2 + T^2}\right)\right\} = \frac{32}{\pi d^3} M_e
\end{aligned} \qquad \cdots\cdots (9.26)$$

ここで，$M_e = \dfrac{1}{2}\left(M + \sqrt{M^2 + T^2}\right)$ を相当曲げモーメントといいます．

また，最大せん断応力 τ_1 は次のようになります．

$$\tau_1 = \frac{1}{2}\sqrt{\sigma_x^2 + 4\tau_{xy}^2} = \frac{16}{\pi d^3}\sqrt{M^2 + T^2} = \frac{16}{\pi d^3} T_e \qquad \cdots\cdots (9.27)$$

ここで，$T_e = \sqrt{M^2 + T^2}$ を相当ねじりモーメントといいます．式 (9.26) と式 (9.27) は，曲げとねじりとを同時に受ける軸の軸径を決定するのに使用します．これらの式の使い方を例題を通して理解しましょう．

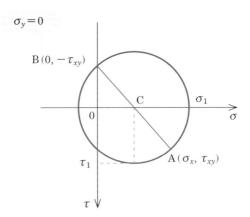

▲図 9-17　モールの応力円

図 9-18 のように，A 端を固定したクランクの C 端に荷重 $P = 2\,000\mathrm{N}$ が作用するとき，クランク AB の最小直径 d を求めなさい．ただし，許容引張り応力を $\sigma_a = 60\mathrm{MPa}$，許容せん断応力を $\tau_a = 40\mathrm{MPa}$ とします．

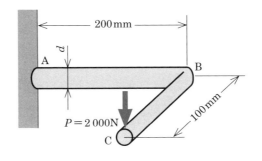

▲図 9-18

方針

❶ 軸 AB が受ける曲げモーメントとねじりモーメントを求めます．

❷ 許容引張り応力と式 (9.26) を用いて軸径を計算します．

❸ 許容せん断応力と式 (9.27) を用いて軸径を計算します．

❹ 得られた軸径を比較して，安全になるように太い軸径を採用します．

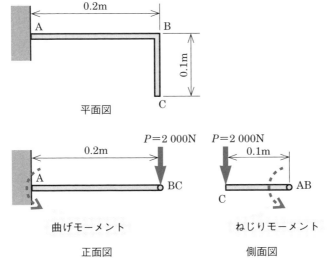

▲図 9-19

　軸 AB は曲げとねじりとを受けています。**図 9-19** 正面図より、最大曲げモーメントは固定端 A に生じて $M = 2\,000 \times 0.2 = 400$〔Nm〕となります。また、図 9-19 側面図より、軸 AB に作用するねじりモーメントは $T = 2\,000 \times 0.1 = 200$〔Nm〕となります。したがって、相当曲げモーメント M_e は

$$M_e = \frac{1}{2}\left(M + \sqrt{M^2 + T^2}\right) = \frac{1}{2}\left(400 + \sqrt{400^2 + 200^2}\right) = 423.6 \text{〔Nm〕} \cdots (1)$$

となります。また、相当ねじりモーメント T_e は次のようになります。

$$T_e = \sqrt{M^2 + T^2} = \sqrt{400^2 + 200^2} = 447.2 \text{〔Nm〕} \qquad \cdots\cdots (2)$$

（相当曲げによる）引張り応力が許容値 σ_a 以下でなければならないので $\sigma_a \geqq \dfrac{32}{\pi d^3} M_e$ となり、次の関係式を得ます。

$$60 \times 10^6 \geqq \frac{32}{\pi d^3} \times 423.6 \qquad \cdots\cdots (3)$$

直径 d について解き直すと、次の結果が得られます。

$$d \geqq 4.16 \times 10^{-2} \text{〔m〕} = 41.6 \text{〔mm〕} \qquad \cdots\cdots (4)$$

また、（相当ねじりによる）せん断応力が許容値 τ_a 以下でなければならないので、$\tau_a \geqq \dfrac{16}{\pi d^3} T_e$ となり、次の関係式を得ます。

$$40 \times 10^6 \geqq \frac{16}{\pi d^3} \times 447.2 \qquad \cdots\cdots (5)$$

直径 d について解き直すと、次の結果が得られます。

$$d \geqq 3.85 \times 10^{-2} \text{〔m〕} = 38.5 \text{〔mm〕} \qquad \cdots\cdots (6)$$

式 (4) と (6) とで得られた結果を比較すると、41.6〔mm〕の方が安全側にあるので、この値を採用します。

9.4 応力テンソル

ここまでの説明で，応力についておおよその考え方を理解できたことと思います．本節ではより深く応力の意味について考えます．**図 9-20** のように，3 次元物体に<u>外力</u>が加わった状態で，物体内部に小さな六面体要素を取り出して考えます．この微小要素の（分割）面には内力が作用していることになります．

■要素の面の方向を定義する

まず，この取り出した要素の面の方向を**図 9-21** のように定義します．つまり，

| 定義 1 | 面の外向きの法線ベクトルの方向を面の方向と定義します． |

たとえば，外向きの法線が x 軸の正方向であれば正の面（x^+面），x 軸の負方向であれば負の面（x^-面）といいます．

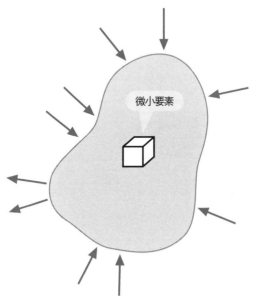

微小要素

▲図 9-20　3 次元物体中の微小要素

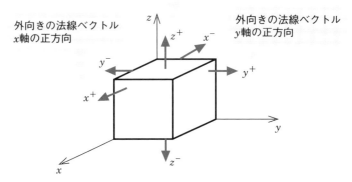

外向きの法線ベクトル
z軸の正方向

外向きの法線ベクトル
x軸の正方向

外向きの法線ベクトル
y軸の正方向

▲図9-21　面の方向

■面に作用している内力を定義する

次に，この面に作用している内力（垂直力とせん断力）を定義します.

定義2	力の方向とその力が作用する面の方向が同符号の場合は正の内力，異符号の場合は負の内力と定義します.

たとえば，x^+面に作用するx軸の正方向への力は正の垂直力，x^-面に作用するx軸の負方向への力も正の垂直力とします（**図9-22**参照）. また，x^+面に作用するy軸の正方向への力は正のせん断力，x^-面に作用するy軸の負方向への力も正のせん断力とします（**図9-23**参照）.

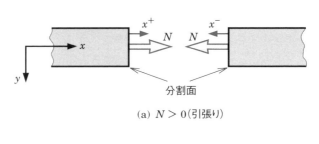

(a) $N > 0$(引張り)

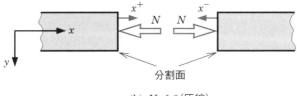

(b) $N < 0$(圧縮)

▲図9-22　垂直力

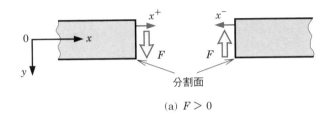

(a) $F > 0$

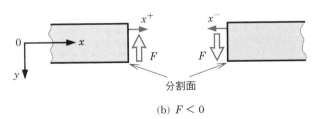

(b) $F < 0$

■応力を定義する

次に，応力を定義します．

定義3	単位面積あたりの内力を応力と定義します． つまり， 垂直応力＝ $\dfrac{垂直力}{面積}$ ，　せん断応力＝ $\dfrac{せん断力}{面積}$

応力を定義するには面の方向と内力の方向を表示する必要があるので，応力成分を σ_{ij} と 2 つの添字を用いて記述することにします． 仮に，最初の添字 i は内力の作用面の方向を，後の添字 j は面に加わる内力の方向を表すとします． つまり，σ_{xx} は「x^+ 面に作用して内力の方向が x 軸の正方向の応力」を表します． また，微小要素を引張る状態を表すためには，微小要素を外側へ引く応力は等価といえるので，「x^- 面に作用して内力の方向が x 軸の負方向の応力」も正の σ_{xx} とします． この定義に従うと，σ_{xy} は「x^+ 面に作用して内力の方向が y 軸の正方向の応力」また，「x^- 面に作用して内力の方向が y 軸の負方向の応力」を表しています．

では，σ_{yx} はどうでしょう． 「y^+ 面に作用して内力の方向が x 軸の正方向の応力」，「y^- 面に作用して内力の方向が x 軸の負方向の応力」を表しています． したがって，**図 9-24** のようになります．

9

組み合わせ応力

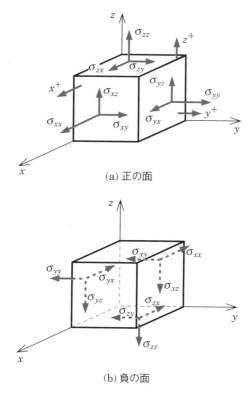

(a) 正の面

(b) 負の面

▲図 9-24　応力成分

■添字の意味

　次に，2つの添字について考えてみましょう．添字 ij が同じ記号で構成されている場合は，**図 9-25** のように，作用面に垂直な応力（垂直応力）を表しています．添字が異なっている場合は，**図 9-26** のように，作用面に平行な応力（せん断応力）を表しています．同じ添字の場合には，2つの添字を1つに簡略化できます．つまり，$xx \rightarrow x$, $yy \rightarrow y$, $zz \rightarrow z$ と表せます．しかし，添字が異なる記号の場合には，このような1つの添字への簡略化ができません．そこで，せん断応力と垂直応力とを明確に区別するために，せん断応力の記号を $\sigma \rightarrow \tau$ に変えて表します．テキストによっては σ_{xx} や σ_{xy} と表記されている応力成分も σ_x や τ_{xy} と同じものです．さらに微小要素のモーメントのつりあいから $\sigma_{xy} = \sigma_{yx}$ となり，添字を入れ替えてよいことがわかります（共役せん断応力，1章 p.23 参照）．したがって，$\underline{\sigma_{ij}}$ における添字 i と j とは，面の方向と内力の方向とのど

ちらに約束してもよいことになります．このように，成分を表すのに2個の添字が必要なものを（2階の）テンソルといいます．これに対して，力のようなベクトルの成分は，$F = [F_x \, F_y \, F_z]$のように1つの添字で記述できます．

　本節の解説で,「添字と座標軸の関係」を理解できたでしょう.9章に入ってから説明なしに添字がついた応力 σ_x, σ_y, τ_{xy} を用いてきましたが，上述のような意味があったわけです.

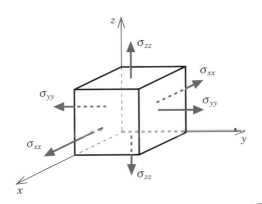

▲図9-25　垂直応力

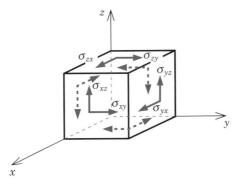

▲図9-26　せん断応力

　このように『力はベクトル』，『応力はテンソル』で，お互いは親戚関係にありますが，性質の異なるものです．この違いを**表9-1**にまとめておきます.「応力成分を正確に記述するためには2個の添え字が必要となり，座標変換するときに成分の値を簡単に得難い」ということを理解できる

ことでしょう．ここに，前節で述べたような「モールの応力円」で図的に解析する意義があります．

▼表9-1　力（ベクトル）と応力（テンソル）の比較

	力(ベクトル)	応力(テンソル)
記　号	矢印	微小要素と矢印
成　分	F_y F F_x	$\sigma_{yy}=\sigma_y$　$\sigma_{xy}=\tau_{xy}$　$\sigma_{xx}=\sigma_x$
	$\boldsymbol{F}=(F_x, F_y, F_z)$ 1個の添字	$\boldsymbol{\sigma}=\begin{bmatrix} \sigma_{xx} & \sigma_{xy} & \sigma_{xz} \\ \sigma_{yx} & \sigma_{yy} & \sigma_{yz} \\ \sigma_{zx} & \sigma_{zy} & \sigma_{zz} \end{bmatrix}$　2個の添字
座標変換	Y軸方向の力　X軸方向の力	面積 A　$\sigma_{xx}=\dfrac{N}{A}$ 面積 A'　X軸方向の内力　Y軸方向の内力 $\sigma_{XX}=\dfrac{N_X}{A'}$　$\sigma_{XY}=\dfrac{N_Y}{A'}$ 面の方向　力の方向　法線がX軸方向になる面の面積

232

中国語と材料力学

中国では外来語を国内に導入するとき，その意味を考慮して漢字で表記しています．「中国の漢字」と「日本の漢字」は少し違いますが，ベクトルとテンソルの違いを理解するのに参考にしてください．

(日本語)　　(中国語)　　　　　　　　(意味)

ベクトル：矢量，向量 … 矢印で表される量，向きをもった量

テンソル：張量　　　　… 引張りにより生じる量

応力　　：応力　　　… 力（ベクトル量）に応じて生じるものが応力（テンソル量）

ひずみ　：応変　　　… 変位（ベクトル量）に応じて生じるものが応変（テンソル量）

中国語は実に巧みな表現だと思います．

日本では無造作にとり入れた外来語の氾濫など言葉の乱れが問題になっていますが，中国ではあくまで自国語による表現に適した言葉を使用しています．このために，急速な技術革新についていき難い問題を抱え込むことになった点は否定できません．両国は同じ漢字を使う文化をもっていますが，ある面では全く異なった方向を進んでいるのが面白いですね．

9

組み合わせ応力

テンソルと材料力学

高等学校の数学や物理でベクトルが登場して，「温度やエネルギーのように大きさだけの物理量（スカラー量）」と「力や速度のように大きさと方向を持った物理量（ベクトル量）」とがあることを習います．したがって，ほとんどの人がベクトル量のイメージを正確に持っていると思います．そのような人が材料力学を勉強するとき，「力はベクトル量だから，今までに習ったベクトルの知識を使えばよい」と思うでしょう．ここまでは正しいのですが，もし「応力もベクトルのように理解すればよい」と考えてしまうと誤り

です．応力は今までに習ったことがない性質を持つ物理量（テンソル量）です．したがって，本書は初心者向けの本であるにもかかわらず，ベクトルのイメージで応力を理解することを避けるためにあえて「テンソル」という難しい用語を使いました．もともと，tensor（テンソル）と tension（引張り）は同じ語源の言葉なので，材料力学とは深い関係にあります．

応力以外にも多くのテンソル量（ひずみや断面二次モーメントもテンソル量です）がありますが，これらのテンソルの中でイメージをつかむには応力テンソルが最も良い例だと思います．私は「応力はテンソルである」ということが，材料力学の中で最も重要だと思っています．聞き慣れない言葉かもしれませんが，内容はそれほど難しくないでしょう．このあたりをもう少し勉強される方に，私の著書「図解でわかるはじめての材料力学」（技術評論社）を紹介しておきます．これから皆さんが材料力学に興味を持って，さらに進んだ勉強をされることを期待して筆を置くことにします．

練習問題

1 主応力が $\sigma_1 = 100$〔MPa〕，$\sigma_2 = -60$〔MPa〕のとき，次の問いに答えなさい．

① 最大せん断応力とその方向を求めなさい．

② 垂直応力が作用しない面の方向と，その面でのせん断応力を求めなさい．

③ σ_1 が作用する面から時計回りに $30°$ 傾いた面での垂直応力とせん断応力を求めなさい．

2 図1 (a), (b) の応力状態のとき，以下の問いに答えなさい．

① それぞれの場合についてモールの応力円に描き，最大せん断応力と主応力の値を求めなさい．

② それぞれの場合について，座標軸を反時計回りに $30°$ 回転させて新しい $x'y'$ 座標軸を設定します．このときの応力成分 $\sigma_{x'}$, $\sigma_{y'}$, $\tau_{x'y'}$ を求めなさい．

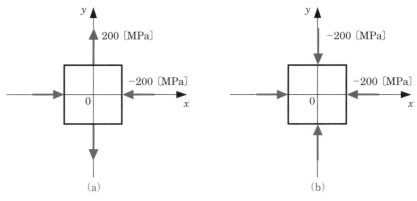

(a)　　　　　　　　　　　　　　(b)

▲図1

3　$\sigma_x = 50$〔MPa〕,　$\sigma_y = -100$〔MPa〕, $\tau_{xy} = -50$〔MPa〕とします.

① モールの応力円上で主応力 σ_1, σ_2 を図示し値を求めなさい. また,「x 軸」と「最大主応力が作用する面の方向 x' 軸」のなす角 α をモールの応力円上に図示し値を求めなさい.

② モールの応力円上で最大せん断応力 τ_1, τ_2 を図示し値を求めなさい. また,「x 軸」と「最大せん断応力が作用する面の方向 x'' 軸」のなす角 β をモールの応力円上に図示し値を求めなさい.

4　図2のように,ベルトに張力を与えてベルト車を回転させます. このとき,軸径 d を求めなさい. ただし,許容引張り応力を $\sigma_a = 50$〔MPa〕,許容せん断応力を $\tau_a = 35$〔MPa〕とします.

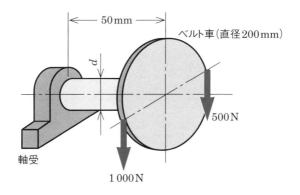

▲図2

9

組み合わせ応力

練習問題の解答

第1章

1 応力：$\sigma = \dfrac{P}{A} = \dfrac{200 \times 9.8}{\dfrac{\pi}{4} \times (5 \times 10^{-3})^2} = \dfrac{200 \times 9.8 \times 4}{\pi \times 5^2} \times 10^6$

$\qquad\qquad = 99.8 \times 10^6 \ [\text{Pa}] = 99.8 \ [\text{MPa}]$

表 1-3（p.40）より，軟鋼の縦弾性係数：$E = 206 \ [\text{GPa}]$

伸び：$\lambda = \dfrac{Pl}{AE} = \dfrac{\sigma}{E}l = \dfrac{99.8 \times 10^6 \times 10}{206 \times 10^9} = 4.84 \times 10^{-3} \ [\text{m}] = 4.84 \ [\text{mm}]$

2 せん断により破断する面積：

$\qquad (8\pi \times 10^{-3}) \times (1.2 \times 10^{-3}) = 30.16 \times 10^{-6} \ [\text{m}^2]$

打ち抜き力：

$\qquad (140 \times 10^6) \times (30.16 \times 10^{-6}) = 4.22 \times 10^3 \ [\text{N}] = 4.22 \ [\text{kN}]$

3 式(1.11)：$f = \dfrac{\sigma_s}{\sigma_a}$ より $3 = \dfrac{270}{\sigma_a}$，許容応力：$\sigma_a = 90 \ [\text{MPa}]$

$\dfrac{20 \times 10^3}{\dfrac{\pi}{4}d^2} = 90 \times 10^6$ より，

丸棒の直径：$d = \sqrt{\dfrac{20 \times 10^3 \times 4}{90 \times 10^6 \times \pi}} = \sqrt{\dfrac{8}{9 \times \pi \times 10}} \times 10^{-1} = 1.68 \times 10^{-2} \ [\text{m}]$

$\qquad\qquad\qquad = 16.8 \ [\text{mm}]$

4 ピンにはせん断力が作用します．

せん断を受ける面積（両側 2 か所）：$\dfrac{\pi}{4}(8 \times 10^{-3})^2 \times 2 = 32\pi \times 10^{-6} \ [\text{m}^2]$

せん断応力：$\tau = \dfrac{P}{A} = \dfrac{980}{32\pi \times 10^{-6}} = 9.75 \times 10^6 \ [\text{Pa}] = 9.75 \ [\text{MPa}]$

5 図 A-1-1 参照．

垂直方向の力のつりあい：$T\cos\alpha - Mg - mg = 0$

水平方向の力のつりあい：$F - T\sin\alpha = 0$

棒の上端回りのモーメントのつりあい：

$\qquad\qquad Mg \times L\sin\theta + mg \times 2L\sin\theta - F \times 2L\cos\theta = 0$

未知量 T, F, θ について解くと

$$T = \frac{M+m}{\cos\alpha}g, \quad F = (M+m)g\tan\alpha, \quad \tan\theta = \frac{2(M+m)}{(M+2m)}\tan\alpha$$

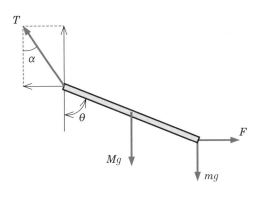

▲ 図 A-1-1

6 「材料のどこの部分がどのように破壊するか」により，4つの場合が考えられます．

●リベットがせん断破壊する場合（図 A-1-2(a) 参照）

d：リベット径，τ：リベットに生じるせん断応力

$$F = \frac{\pi}{4}d^2\tau \cdots (1)$$

破断面（面積：$\frac{\pi}{4}d^2$）

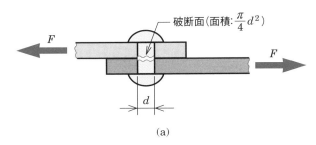

(a)

▲ 図 A-1-2 （a）

● リベット間の板が引張り破壊する場合（図 A-1-2(b) 参照）

p：リベットのピッチ

t：板厚，d：リベット径

σ_{tp}：板に生じる引張り応力

$$F = (p - d)\,t\sigma_{tp} \cdots (2)$$

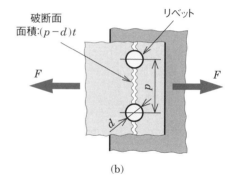

▲ 図 A-1-2（b）

● 板がせん断破壊する場合（図 A-1-2(c) 参照）

e：リベットの中心から板
　　の端面までの距離

t：板厚

τ_p：板に生じるせん断応力

$$F = 2et\tau_p \cdots (3)$$

または，もう少し安全
に見積もると

$$F = 2\left(e - \frac{d}{2}\right)t\tau_p \cdots (4)$$

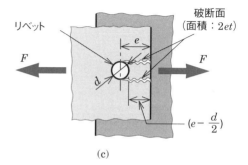

▲ 図 A-1-2（c）

● リベットか板が圧縮破壊する場合（図 A-1-2(d) 参照）

t：板厚

σ_c：リベットに生じる圧
　　縮応力

σ_{cp}：板に生じる圧縮応力

・リベットが破壊す
　る場合：

$$F = dt\sigma_c \cdots (5)$$

・板が破壊する場合：

$$F = dt\sigma_{cp} \cdots (6)$$

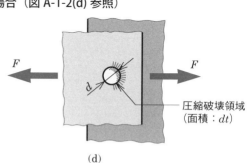

▲ 図 A-1-2（d）

リベットと板の材料強度により「リベットと板のどちらが破壊するか」
が変わります．

1 図 A-2-1 参照.

拘束がない場合のレールの伸び λ

$$\lambda = l\alpha(t_2 - t_1) = 25 \times (11.5 \times 10^{-6}) \times (40 - 20) = 5.75 \times 10^{-3} \text{〔m〕}$$

レールに生じる応力:

$$\sigma = -E\frac{\lambda'}{l} = -206 \times 10^9 \frac{(5.75 - 1) \times 10^{-3}}{25} = -39.1 \times 10^6 \text{〔Pa〕}$$

$$= -39.1 \text{〔MPa〕} \quad : 圧縮$$

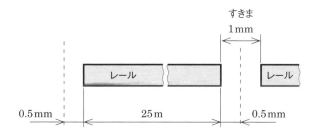

▲ 図 A-2-1

2 図 A-2-2 (p.240) 参照.

両端を拘束しないときのステンレス鋼管の伸び λ_s

$$\lambda_s = l\alpha_s(t_2 - t_1) = (50 \times 10^{-3}) \times (9.9 \times 10^{-6}) \times (120 - 20)$$
$$= 4.95 \times 10^{-5} \text{〔m〕}$$

ステンレス鋼管の断面積:

$$A_s = \frac{\pi}{4}\left((26 \times 10^{-3})^2 - (20 \times 10^{-3})^2\right) = 2.168 \times 10^{-4} \text{〔m}^2\text{〕}$$

両端を拘束しないときの黄銅棒の伸び λ_b

$$\lambda_b = l\alpha_b(t_2 - t_1) = (50 \times 10^{-3}) \times (19.9 \times 10^{-6}) \times (120 - 20)$$
$$= 9.95 \times 10^{-5} \text{〔m〕}$$

黄銅棒の断面積: $A_b = \frac{\pi}{4}(12 \times 10^{-3})^2 = 1.131 \times 10^{-4} \text{〔m}^2\text{〕}$

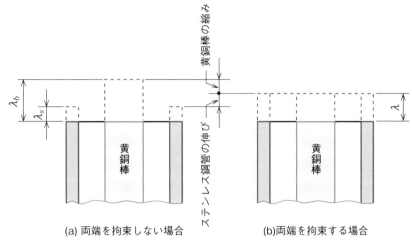

(a) 両端を拘束しない場合　　　　(b)両端を拘束する場合

▲ 図 A-2-2

剛体板が受ける力（**図 A-2-3** 参照）

ステンレス鋼管から受ける力：$\sigma_s A_s$

黄銅棒から受ける力：$\sigma_b A_b$

剛体板の力のつりあい：

$$\sigma_s A_s + \sigma_b A_b = 0 \cdots (1)$$

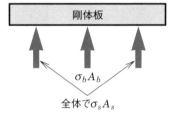

▲ 図 A-2-3

ステンレス鋼管に生じる応力：

$$\sigma_s = \frac{\lambda - \lambda_s}{l} E_s \cdots (2)$$

黄銅棒に生じる応力：$\sigma_b = \dfrac{\lambda - \lambda_b}{l} E_b \cdots (3)$

式 (1) ～ (3) を連立させて，3 個の未知量（σ_s，σ_b，λ）について解く

ステンレス鋼管と黄銅棒を一体にしたときの伸び：

$$\lambda = \frac{\lambda_s E_s A_s + \lambda_b E_b A_b}{E_s A_s + E_b A_b}$$

$$\sigma_s = \frac{E_b A_b E_s}{E_s A_s + E_b A_b}(\alpha_b - \alpha_s)(t_2 - t_1)$$

$$= \frac{100 \times 10^9 \times 113.1 \times 10^{-6} \times 193 \times 10^9}{(193 \times 216.8 + 100 \times 113.1) \times 10^9 \times 10^{-6}}(19.9 - 9.9) \times 10^{-6} \times (120 - 20)$$

$$= 4.11 \times 10^7 \,[\mathrm{Pa}]$$

$$= 41.1 \,[\mathrm{MPa}] ：引張り$$

$$\sigma_b = -\frac{\sigma_s A_s}{A_b} = -\frac{4.11 \times 10^7 \times 216.8 \times 10^{-6}}{113.1 \times 10^{-6}} = -7.88 \times 10^7 \text{〔Pa〕}$$

$$= -78.8 \text{〔MPa〕} : 圧縮$$

この問題の場合，応力 σ_s, σ_b は長さ l と無関係.

3 溶接面の面積（周長×板厚）：$A = 2\pi R t$

半球を押し上げる力（球の断面積×内圧）：$P = p\pi R^2$

垂直応力：$\sigma = \dfrac{P}{A} = \dfrac{p\pi R^2}{2\pi R t} = \dfrac{pR}{2t}$

4 (1) 棒が δ だけ縮んで軸力 P が生じるとすると

長さ l_1 の箇所の縮み：$\lambda_1 = \dfrac{Pl_1}{A_1 E}$,

長さ l_2 の箇所の縮み：$\lambda_2 = \dfrac{Pl_2}{A_2 E}$

段付き棒の各部の縮みを加えると全体の縮み δ になるので,

$$\lambda_1 + \lambda_2 = \frac{Pl_1}{A_1 E} + \frac{Pl_2}{A_2 E} = \delta$$

軸力 P について解くと　$P = \dfrac{E\delta}{\dfrac{l_1}{A_1} + \dfrac{l_2}{A_2}}$

各部の応力は　$\sigma_1 = -\dfrac{P}{A_1} = -\dfrac{A_2 E\delta}{A_2 l_1 + A_1 l_2}$ …(1),

$$\sigma_2 = -\frac{P}{A_2} = -\frac{A_1 E\delta}{A_2 l_1 + A_1 l_2} \text{ …(2)}$$

ここで応力の負符号は圧縮を表します.

(2) 段付き棒が拘束されていなければ，温度上昇により δ だけ伸びるとすると

$$\delta = \alpha(l_1 + l_2)\Delta t \text{ …(3)}$$

前問の式 (1), (2) の δ に式 (3) を代入

$$\sigma_1 = -\frac{A_2 E\alpha(l_1 + l_2)\Delta t}{A_2 l_1 + A_1 l_2}, \quad \sigma_2 = -\frac{A_1 E\alpha(l_1 + l_2)\Delta t}{A_2 l_1 + A_1 l_2}$$

練習問題の解答

5 おもりにより生じる応力：$\sigma_1 = \dfrac{l}{3}\gamma$, $\sigma_2 = \dfrac{2l}{3}\gamma$, $\cdots$, $\sigma_r = \dfrac{rl}{3}\gamma$,

$$\cdots,\ \sigma_{n-1} = \frac{(n-1)l}{3}\gamma$$

おもりにより生じる伸び：$\lambda_1 = \dfrac{\sigma_1}{E}l = \dfrac{l^2}{3E}\gamma$, $\lambda_2 = \dfrac{2l^2}{3E}\gamma$, $\cdots$, $\sigma_r = \dfrac{rl^2}{3E}\gamma$,

$$\cdots,\ \lambda_{n-1} = \frac{(n-1)l^2}{3E}\gamma$$

全体の伸び：$\lambda = \lambda_1 + \lambda_2 + \cdots \lambda_{n-1} = \dfrac{\sigma_1}{E}l = \dfrac{\gamma l^2}{3E}(1 + 2 + \cdots + (n-1))$

$l = \dfrac{L}{n}$ を代入すると $\lambda = \dfrac{\gamma}{3E}\left(\dfrac{L}{n}\right)^2 \dfrac{(n-1)(1+n-1)}{2} = \dfrac{\gamma L^2}{6E}\left(1 - \dfrac{1}{n}\right)$

$n \to \infty$ のとき $\lambda = \dfrac{\gamma L^2}{6E}$（上底面の面積 D には無関係）

【別解】 図 **A-2-4** 参照．

先端から x の位置での重量：$W_x = \left(\dfrac{\pi}{4}D_x^2 \dfrac{x}{3}\right)\gamma$

先端から x の位置での応力：$\sigma_x = \dfrac{W_x}{\dfrac{\pi D_x^2}{4}} = \dfrac{\gamma x}{3}$

微小要素の長さ dx，ひずみ ε_x として全体の伸びを求めると，

$$\lambda = \int_0^L \varepsilon_x dx = \int_0^L \frac{\sigma_x}{E} dx = \int_0^L \frac{\gamma x}{3E} dx = \frac{\gamma L^2}{6E}$$

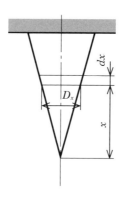

▲ 図 A-2-4

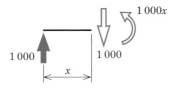

(a) $0 \leqq x \leqq 1$ のとき

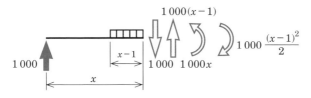

(b) $1 \leqq x \leqq 2$ のとき

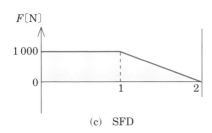

(c) SFD

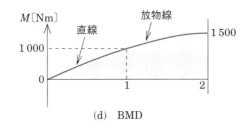

(d) BMD

▲ 図 A-3-1

1 $0 \leqq x \leqq 1$ のとき（**図 A-3-1(a)** 参照）

$$F_1 = 1\,000, \quad M_1 = 1\,000\,x$$

$1 \leqq x \leqq 2$ のとき（**図 A-3-1(b)** 参照）

$$F_2 = 1\,000 - 1\,000(x-1)$$
$$= -1\,000\,x + 2\,000$$

$$M_2 = 1\,000x - 1\,000 \times \frac{(x-1)^2}{2}$$
$$= -500x^2 + 2\,000x - 500$$

SFD：図 A-3-1(c)，

BMD：図 A-3-1(d)

2 図 A-3-2 参照．

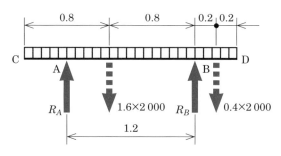

力のつりあい：$2\,000 \times 2 - R_A - R_B = 0$ ⋯ (1)

モーメントのつりあい（点 B 回り）：

$$1.2R_A + 0.2 \times 0.4 \times 2\,000 - 0.8 \times 1.6 \times 2\,000 = 0 \cdots (2)$$

式 (1)，(2) より，

反力：$R_A = 2\,000$，$R_B = 2\,000$

$0 \leqq x \leqq 0.4$ のとき（図 A-3-3(a) 参照）

$$F_1 = -2\,000x$$
$$M_1 = -2\,000\frac{x^2}{2} = -1\,000x^2$$

$0.4 \leqq x \leqq 1.6$ のとき（図 A-3-3(b) 参照）

$$F_2 = -2\,000x + 2\,000$$
$$M_2 = -1\,000x^2 + 2\,000(x - 0.4)$$

$1.6 \leqq x \leqq 2$ のとき（図 A-3-3(c) 参照）

$$F_3 = -2\,000x + 4\,000$$
$$M_3 = -1\,000x^2 + 2\,000(x - 0.4) + 2\,000(x - 1.6)$$
$$= -1\,000(x - 2)^2$$

SFD：図 A-3-3(d)，BMD：図 A-3-3(e)

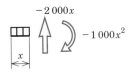

(a)　$0 \leqq x \leqq 0.4$ のとき

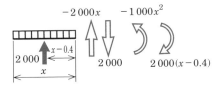

(b)　$0.4 \leqq x \leqq 1.6$ のとき

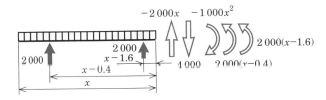

(c)　$1.6 \leqq x \leqq 2$ のとき

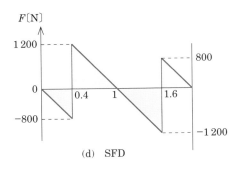

(d)　SFD

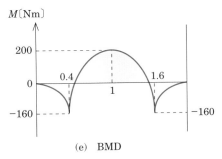

(e)　BMD

▲ 図 A-3-3

245

第4章

1 図 A-4-1 参照.

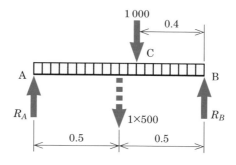

▲ 図 A-4-1

力のつりあい：

$$R_A + R_B - 1\,000 - 500 \times 1 = 0 \cdots (1)$$

モーメントのつりあい（点 B 回り）：

$$R_A \times 1 - 1\,000 \times 0.4 - 500 \times 1 \times 0.5 = 0 \cdots (2)$$

式 (1), (2) より，

反力：$R_A = 650$ 〔N〕，$R_B = 850$ 〔N〕

$0 \leqq x \leqq 0.6$ のとき（**図 A-4-2(a)** 参照）

$$M_1 = 650x - 500\frac{x^2}{2} = -250x^2 + 650x$$

$0.6 \leqq x \leqq 1$ のとき（**図 A-4-2(b)** 参照）

$$M_2 = 650x - 500\frac{x^2}{2} - 1\,000(x - 0.6)$$

$$= -250x^2 - 350x + 600$$

BMD：**図 A-4-2(c)** より，

最大曲げモーメント：300 〔Nm〕

最大曲げ応力：$\sigma_{max} = \dfrac{M_{max}}{Z}$

断面係数 Z は表 4-1（p.114）より，

$$50 \times 10^6 = \frac{300}{\dfrac{1}{6}(40 \times 10^{-3}) \times h^2} \qquad したがって，$$

$$h^2 = \frac{300 \times 6}{40 \times 50 \times 10^3} = \frac{3^2}{10^4}$$

$$h = 3 \times 10^{-2} \text{〔m〕} = 30 \text{〔mm〕}$$

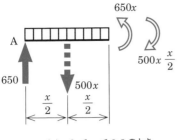

(a)　$0 \leqq x \leqq 0.6$ のとき

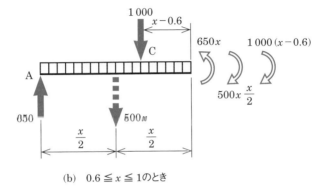

(b)　$0.6 \leqq x \leqq 1$ のとき

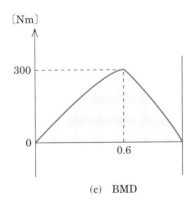

(c)　BMD

2　$0 \leqq x \leqq 0.5$ のとき　（**図 A-4-3(a)** 参照）

　　$M_1 = -1\,000x$

　$0.5 \leqq x \leqq 1$ のとき　（**図 A-4-3(b)** 参照）

　　$M_2 = -1\,000x - 1\,000\dfrac{(x - 0.5)^2}{2}$

　　　　$= -500x^2 - 500x - 125$

BMD：図 **A-4-3(c)** より，

最大曲げモーメント：1 125〔Nm〕

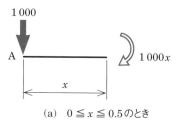

(a)　$0 \leqq x \leqq 0.5$ のとき

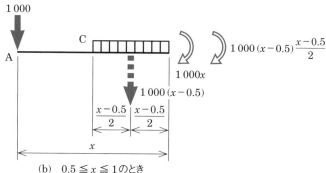

(b)　$0.5 \leqq x \leqq 1$ のとき

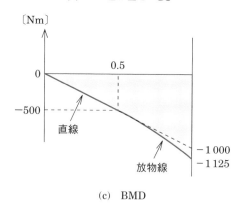

(c)　BMD

▲ 図 A-4-3

● **断面 (a) の場合　断面二次モーメント**

$$I = \frac{1}{12}\left\{\left(50 \times 10^{-3}\right)\left(60 \times 10^{-3}\right)^{3} - \left(38 \times 10^{-3}\right)\left(40 \times 10^{-3}\right)^{3}\right\}$$
$$= 6.973 \times 10^{-7}\ \left[\mathrm{m}^{4}\right]$$

最大曲げ応力：

$$\sigma_{\max} = \frac{1\,125}{6.973 \times 10^{-7}} \times \left(30 \times 10^{-3}\right) = 48.4 \times 10^{6}\ \left[\mathrm{Pa}\right] = 48.4\ \left[\mathrm{MPa}\right]$$

● 断面 (b) の場合

$$I = \frac{1}{12}\left\{(20 \times 10^{-3})(50 \times 10^{-3})^3 + (40 \times 10^{-3})(12 \times 10^{-3})^3\right\}$$
$$= 2.141 \times 10^{-7} \,(\text{m}^4)$$

最大曲げ応力：

$$\sigma_{max} = \frac{1\,125}{2.141 \times 10^{-7}} \times (25 \times 10^{-3}) = 131.4 \times 10^6 \,(\text{Pa}) = 131.4 \,(\text{MPa})$$

3 表 4-1 (p.114) より ($h_1 = 54$, $h_2 = 60$, $h_3 = 6$, $b_1 = 42$, $b_2 = 8$, $b_3 = 50$)

$$e_2 = \frac{b_2 h_2^2 + b_1 h_3^2}{2(b_2 h_2 + b_1 h_3)} = \frac{8 \times 60^2 + 42 \times 6^2}{2(8 \times 60 + 42 \times 6)} = \frac{30\,312}{1\,464} = 20.70 \,(\text{mm})$$

$$e_1 = h_2 - e_2 = 60 - 20.7 = 39.3 \,(\text{mm})$$

$$c = e_2 - h_3 = 20.7 - 6 = 14.7 \,(\text{mm})$$

$$I = \frac{1}{3}\left\{b_3 e_2^3 - b_1 c^3 + b_2 e_1^3\right\} = \frac{1}{3}\left\{50 \times 20.7^3 - 42 \times 14.7^3 + 8 \times 39.3^3\right\}$$
$$= 265\,220.3 \,(\text{mm}^4)$$
$$= 2.6522 \times 10^{-7} \,(\text{m}^4)$$

● 点 C のたわみ角 i_c：$i_{max} = \alpha \dfrac{Pl^2}{EI}$，表 4-2 (p.127) より $\alpha = \dfrac{1}{6}$

点 C のたわみ角：$i_c = \dfrac{1}{6}\dfrac{500 \times 0.5^2}{206 \times 10^9 \times 2.6522 \times 10^{-7}} = 3.813 \times 10^{-4} \,(\text{rad})$

● 点 C のたわみ δ_c：$\delta_{max} = \beta \dfrac{Pl^3}{EI}$，表 4-2 より $\beta = \dfrac{1}{8}$

点 C のたわみ：$\delta_c = \dfrac{1}{8}\dfrac{500 \times 0.5^3}{206 \times 10^9 \times 2.6522 \times 10^{-7}} = 1.43 \times 10^{-4} \,(\text{m})$

● 点 A のたわみ δ_A（**図 A-4-4** 参照）

$$\delta_A = \delta_C + 0.5 \times i_C$$
$$= 1.43 \times 10^{-4} + 0.5 \times 3.813 \times 10^{-4}$$
$$= 3.337 \times 10^{-4} \,(\text{m})$$

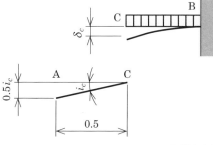

▲ 図 A-4-4

第5章

1 ● AB 間において伝達される動力：10〔kW〕

$H = T\omega$ より $10 \times 10^3 = T\dfrac{2\pi \times 200}{60}$

トルク：$T = \dfrac{60 \times 10 \times 10^3}{2\pi \times 200} = 0.4775 \times 10^3$〔Nm〕

式 (5.17) より，

$$d \geqq \sqrt[3]{\dfrac{16T}{\pi \tau_a}} = \sqrt[3]{\dfrac{16 \times 0.4775 \times 10^3}{\pi \times 50 \times 10^6}} = 3.65 \times 10^{-2}\text{〔m〕} = 36.5\text{〔mm〕}$$

● AC 間において伝達される動力：20〔kW〕

$20 \times 10^3 = T\dfrac{2\pi \times 200}{60}$

トルク：$T = \dfrac{60 \times 20 \times 10^3}{2\pi \times 200} = 0.9549 \times 10^3$〔Nm〕

式 (5.17) より

$$d \geqq \sqrt[3]{\dfrac{16T}{\pi \tau_a}} = \sqrt[3]{\dfrac{16 \times 0.9549 \times 10^3}{\pi \times 50 \times 10^6}} = 4.60 \times 10^{-2}\text{〔m〕} = 46.0\text{〔mm〕}$$

2 $\theta = \dfrac{Tl}{GI_p}$ より，$0.01 = \dfrac{T \times 1.5}{82 \times 10^9 \times \dfrac{\pi\left(50 \times 10^{-3}\right)^4}{32}}$

ねじりモーメント：$T = \dfrac{0.01 \times 82 \times 10^9 \times \pi\left(50 \times 10^{-3}\right)^4}{1.5 \times 32} = 335.4$〔Nm〕

式 (5.10) より，最大せん断応力：

$$\tau_{max} = \dfrac{16T}{\pi d^3} = \dfrac{16 \times 335.4}{\pi \times \left(50 \times 10^{-3}\right)^3} = 13.7 \times 10^6\text{〔Pa〕} = 13.7\text{〔MPa〕}$$

3 素線のねじりモーメント：$T = \dfrac{D}{2}P$

素線に生じる最大ねじり応力：$\tau = \dfrac{T}{\dfrac{\pi d^4}{32}}\dfrac{d}{2} = \dfrac{8DP}{\pi d^3}$

4 軸の中空軸の断面二次極モーメント：

$$I_p = \frac{\pi}{32}(d_2^4 - d_1^4) = \frac{\pi}{32}(70^4 - 50^4) \times (10^{-3})^4 = 1.74 \times 10^{-6} \text{ (m}^4\text{)}$$

ねじり応力とトルクの関係：

$$\tau_{max} = \frac{T_{max}}{I_p}\frac{d_2}{2} = \frac{T_{max}}{1.74 \times 10^{-6}}\frac{70 \times 10^{-3}}{2} = 30 \times 10^6 \text{ (Pa)}$$

$$T_{max} = 1.49 \times 10^3 \text{ (Nm)}$$

伝達可能な最大動力：

$$H_{max} = 1.49 \times 10^3 \times \frac{2\pi \times 240}{60} = 37.4 \times 10^3 \text{ (W)} = 37.4 \text{ (kW)}$$

最大ねじれ角：

$$\theta = \frac{T_{max}l}{GI_p} = \frac{1.49 \times 10^3 \times 1}{82 \times 10^9 \times 1.74 \times 10^{-6}} = 1.04 \times 10^{-2} \text{ (rad)}$$

5 段付き棒の全ての断面でねじりモーメントは T であり，全体のねじれ角 θ は 2 つの部分のねじれ角の和なので

$$\theta = \theta_1 + \theta_2 = \frac{Tl_1}{GI_{p1}} + \frac{Tl_2}{GI_{p2}} = \frac{32Tl_1}{\pi Gd_1^4} + \frac{32Tl_2}{\pi Gd_2^4} = \frac{32T}{\pi G}\left(\frac{l_1}{d_1^4} + \frac{l_2}{d_2^4}\right)$$

6 断面二次極モーメント：$I_p(x) = \frac{\pi}{32}(D(x))^4 = \frac{\pi}{32}\left(D_1 + \frac{D_2 - D_1}{L}x\right)^4$

長さ dx の円筒部のねじれ角 $d\theta$：

$$d\theta = \frac{T}{GI_p(x)}dx = \frac{32T}{\pi G}\left(D_1 + \frac{D_2 - D_1}{L}x\right)^{-4}dx$$

全体のねじれ角：

$$\theta = \int d\theta = \int_0^L \frac{32T}{\pi G}\left(D_1 + \frac{D_2 - D_1}{L}x\right)^{-4}dx = \frac{32TL(D_1^2 + D_1D_2 + D_2^2)}{3\pi GD_1^3 D_2^3}$$

第6章

1 断面二次モーメント：$I = \dfrac{\pi d^4}{64}$，断面積：$A = \dfrac{\pi d^2}{4}$

断面二次半径：$k = \sqrt{\dfrac{I}{A}} = \dfrac{d}{4} = \dfrac{10}{4} = 2.5$〔mm〕

相当細長比：$\lambda_r = \dfrac{l}{k\sqrt{C}} = \dfrac{1}{2.5 \times 10^{-3}\sqrt{1}} = 400$

細長い柱と考えられるので，オイラーの式を適用して

$$P_{cr} = C\dfrac{\pi^2 EI}{l^2} = 1 \times \dfrac{\pi^2 \times 206 \times 10^9}{1^2} \times \dfrac{\pi \times (10^{-2})^4}{64} = 998 \text{〔N〕}$$

2

中実丸棒の場合

断面二次半径：$k = \dfrac{d}{4} = \dfrac{60}{4} = 15$〔mm〕

断面積：$A = \dfrac{60^2 \pi}{4} = 2\,827$〔mm²〕

細長比：$\lambda = \dfrac{l}{k} = \dfrac{1\,200}{15} = 80$

・ 両端回転支持の場合　相当細長比：$\lambda_r = \dfrac{\lambda}{\sqrt{C}} = \dfrac{80}{\sqrt{1}} = 80$（<90）

ランキンの式より，座屈応力：$\sigma_{cr} = \dfrac{a}{1 + b\lambda_r^2} = \dfrac{330}{1 + \dfrac{80^2}{7\,500}} = 178$〔MPa〕

座屈荷重：$P_{cr} = \sigma_{cr} \times A = 178 \times 10^6 \times 2\,827 \times 10^{-6} = 503 \times 10^3$〔N〕

・ 一端固定支持，他端自由の場合

相当細長比：$\lambda_r = \dfrac{\lambda}{\sqrt{C}} = \dfrac{80}{\sqrt{0.25}} = 160$（>90）

オイラーの式より，座屈応力：

$$\sigma_{cr} = \dfrac{\pi^2 E}{\lambda_r^2} = \dfrac{\pi^2 \times 206 \times 10^9}{160^2} = 79.4 \times 10^6 \text{〔Pa〕} = 79.4 \text{〔MPa〕}$$

座屈荷重：$P_{cr} = 79.4 \times 10^6 \times 2\,827 \times 10^{-6} = 224 \times 10^3$〔N〕

中空丸棒の場合

断面二次半径：$k = \dfrac{\sqrt{d_2^2 + d_1^2}}{4} = \dfrac{\sqrt{60^2 + 50^2}}{4} = 19.53 \; \text{〔mm〕}$,

断面積：$A = \dfrac{(60^2 - 50^2)\pi}{4} = 863.9 \; \text{〔mm}^2\text{〕}$

細長比：$\lambda = \dfrac{l}{k} = \dfrac{1\,200}{19.53} = 61.4$

- 両端回転支持の場合　$\lambda_r = 61.4 \;(<90)$

  ランキンの式より，座屈応力：$\sigma_{cr} = \dfrac{330}{1 + \dfrac{61.4^2}{7\,500}} = 220 \; \text{〔MPa〕}$

  座屈荷重：$P_{cr} = 220 \times 10^6 \times 863.9 \times 10^{-6} = 190 \times 10^3 \; \text{〔N〕}$

- 一端固定支持，他端自由の場合　$\lambda_r = \dfrac{61.4}{\sqrt{0.25}} = 122.8 \;(>90)$,

  オイラーの式より，座屈応力：

  $$\sigma_{cr} = \frac{\pi^2 E}{\lambda_r^2} = \frac{\pi^2 \times 206 \times 10^9}{122.8^2} = 134.8 \times 10^6 \; \text{〔Pa〕},$$

  座屈荷重：$P_{cr} = 134.8 \times 10^6 \times 863.9 \times 10^{-6} = 116 \times 10^3 \; \text{〔N〕}$

▼ 表 A-6-1　座屈応力と座屈荷重

断面形状	拘束条件	座屈応力〔MPa〕	座屈荷重〔kN〕
中実丸棒	両端回転支持の場合	178	503
	一端固定支持，他端自由の場合	79.4	224
中空丸棒	両端回転支持の場合	220	190
	一端固定支持，他端自由の場合	135	116

3 図 A-6-1 より部材 BC の圧縮荷重は $P\cos60°$,
部材 AC の圧縮荷重 $P\cos30°$

部材 BC の座屈荷重： $\dfrac{P_{BC}}{2} = \dfrac{\pi^2 EI}{\left(\dfrac{\sqrt{3}l}{2}\right)^2}$, $P_{BC} = \dfrac{8\pi^2 EI}{3l^2}$

部材 AC の座屈荷重： $\dfrac{\sqrt{3}\,P_{AC}}{2} = \dfrac{\pi^2 EI}{\left(\dfrac{l}{2}\right)^2}$, $P_{AC} = \dfrac{8\sqrt{3}\,\pi^2 EI}{3l^2}$

$P_{BC} < P_{AC}$ なので，構造物としての座屈荷重は部材 BC が座屈する $\dfrac{8\pi^2 EI}{3l^2}$

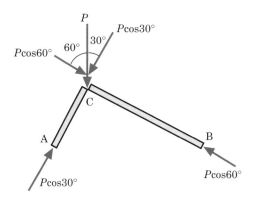

▲ 図 A-6-1

第7章

1 自由物体線図のポイント：
点 C において，作用反作用
の関係を考慮して X_C, Y_C の
向きを仮定します（**図 A-7-1**
参照）．

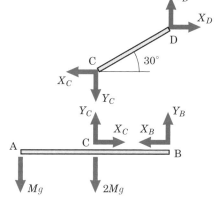

▲ 図 A-7-1

部材 AB について

力のつりあい　水平方向：$X_C - X_B = 0$ … (1)，

垂直方向：$Y_B + Y_C - Mg - 2Mg = 0$ … (2)

モーメントのつりあい（点 B 回り）：$Mg \cdot 2l + 2Mg \cdot l - Y_C \cdot l = 0$ … (3)

部材 CD について

力のつりあい　水平方向：$X_D - X_C = 0$ … (4)，

垂直方向：$Y_D - Y_C = 0$ … (5)

モーメントのつりあい（点 C 回り）：$X_D \cdot (l \tan 30°) - Y_D \cdot l = 0$ … (6)

未知数 6 個，条件式 6 個なので，式 (1) ～ (6) を連立させると解が得られます．

式 (3) より $Y_C = 4Mg$ ，式 (5) より $Y_D = Y_C = 4Mg$

式 (6) より $X_D = \dfrac{Y_D}{\tan 30°} = 4\sqrt{3}\,Mg$

式 (4) より $X_C = X_D = 4\sqrt{3}\,Mg$ ，　式 (1) より $X_B = X_C = 4\sqrt{3}\,Mg$

式 (2) より $Y_B = 3Mg - Y_C = -Mg$

したがって，$X_B = X_C = X_D = 4\sqrt{3}\,Mg$ ，$Y_C = Y_D = 4Mg$ ，$Y_B = -Mg$

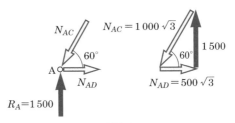

(a) 節点A

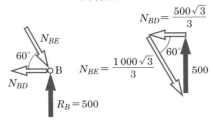

(b) 節点B

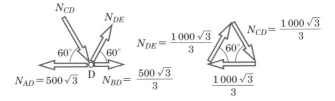

(c) 節点D

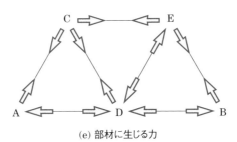

(d) 節点E

(e) 部材に生じる力

2 力のつりあい：$R_A + R_B - 2\,000 = 0$ …(1)，

モーメントのつりあい（点 B 回り）：$2R_A - 1.5 \times 2\,000 = 0$ …(2)

より，$R_A = 1\,500$〔N〕，$R_B = 500$〔N〕

● 節点 A（**図 A-7-2(a)** 参照）

部材 AC：$1\,000\sqrt{3}$〔N〕圧縮

部材 AD：$500\sqrt{3}$〔N〕引張り

● 節点 B（**図 A-7-2(b)** 参照）

部材 BD：$\dfrac{500}{3}\sqrt{3}$〔N〕引張り

部材 BE：$\dfrac{1\,000}{3}\sqrt{3}$〔N〕圧縮

● 節点 D（**図 A-7-2(c)** 参照）

部材 CD：$\dfrac{1\,000}{3}\sqrt{3}$〔N〕圧縮

部材 DE：$\dfrac{1\,000}{3}\sqrt{3}$〔N〕引張り

● 節点 E（**図 A-7-2(d)** 参照）

部材 CE $\dfrac{1\,000}{3}\sqrt{3}$〔N〕圧縮

図 A-7-2(e) 参照

3 部材 AB に生じる軸力 N_{AB} は**図 A-7-3** のようになります．$N_{AB} = \dfrac{\sqrt{3}}{4}P$

$\dfrac{\sqrt{3}}{4}P = \dfrac{\pi^2 EI}{l^2}$，部材 AC の座屈荷重：$P = \dfrac{4\sqrt{3}\,\pi^2 EI}{3l^2}$

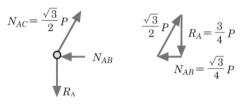

$N_{AC} = \dfrac{\sqrt{3}}{2}P$ N_{AB} R_A

$\dfrac{\sqrt{3}}{2}P$ $R_A = \dfrac{3}{4}P$ $N_{AB} = \dfrac{\sqrt{3}}{4}P$

(a) 節点A

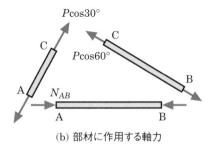

$P\cos 30°$

$P\cos 60°$

N_{AB}

(b) 部材に作用する軸力

▲ 図 A-7-3

練習問題の解答

第8章

1 (a) の場合　伸び：$\lambda = \dfrac{Pl}{AE} = \dfrac{Pl}{\dfrac{\pi}{4}d^2E}$

ひずみエネルギー：$U_a = \dfrac{P\lambda}{2} = \dfrac{4P^2l}{2\pi d^2E} = \dfrac{2P^2l}{\pi d^2E}$

(b) の場合　直径 d 部分の伸び：$\lambda_1 = \dfrac{P\dfrac{l}{2}}{\dfrac{\pi}{4}d^2E} = \dfrac{2Pl}{\pi d^2E}$

直径 $\dfrac{d}{2}$ 部分の伸び：$\lambda_2 = \dfrac{P\dfrac{l}{2}}{\dfrac{\pi}{4}\left(\dfrac{d}{2}\right)^2E} = \dfrac{8Pl}{\pi d^2E}$

全ひずみエネルギー：$U_b = \dfrac{P\lambda_1}{2} + \dfrac{P\lambda_2}{2} = \dfrac{2P^2l}{2\pi d^2E} + \dfrac{8P^2l}{2\pi d^2E} = \dfrac{5P^2l}{\pi d^2E}$

(c) の場合　直径 d 部分の伸び：$\lambda_1 = \dfrac{P\dfrac{2l}{3}}{\dfrac{\pi}{4}d^2E} = \dfrac{8Pl}{3\pi d^2E}$

直径 $\dfrac{d}{3}$ 部分の伸び：$\lambda_2 = \dfrac{P\dfrac{l}{3}}{\dfrac{\pi}{4}\left(\dfrac{d}{3}\right)^2E} = \dfrac{12Pl}{\pi d^2E}$

全ひずみエネルギー：$U_c = \dfrac{P\lambda_1}{2} + \dfrac{P\lambda_2}{2} = \dfrac{8P^2l}{2\times 3\pi d^2E} + \dfrac{12P^2l}{2\pi d^2E} = \dfrac{22P^2l}{3\pi d^2E}$

したがって，$U_a : U_b : U_c = 2 : 5 : \dfrac{22}{3}$

2 静荷重を 100 〔N〕負荷した場合の伸び：$\lambda_0 = 0.05$ 〔mm〕
式 (8.7) より，衝撃荷重による伸び：

$$\lambda = \lambda_0\left(1 + \sqrt{1 + \dfrac{2h}{\lambda_0}}\right) = 0.05\times 10^{-3}\times\left(1 + \sqrt{1 + \dfrac{2\times 10\times 10^{-2}}{0.05\times 10^{-3}}}\right)$$
$$= 3.2\times 10^{-3}\text{〔m〕}$$

3 はりの荷重点でのたわみは最大たわみとなり式(4.26)より $\delta_{max} = \beta\dfrac{Pl^3}{EI}$ となります。たわみ δ と荷重 P は比例関係にあるので荷重 P – たわみ δ 線図は図8-1（p.195）と同様になります。外力 P がする仕事ははりに蓄えられるので、ひずみエネルギーは $U = \dfrac{P\delta}{2}$ で表されます。

(a) の場合：$\beta = \dfrac{1}{3}$, $U = \dfrac{P}{2}\dfrac{Pl^3}{3EI} = \dfrac{P^2l^3}{6EI}$

(b) の場合：$\beta = \dfrac{1}{48}$, $U = \dfrac{P}{2}\dfrac{Pl^3}{48EI} = \dfrac{P^2l^3}{96EI}$

4 部材 AD, BD の縮み：$\lambda_{AD} = \lambda_{BD} = \dfrac{N_{AD}l_{AD}}{AE}$〔m〕

部材 AD, BD のひずみエネルギー：

$$U_{AD} = U_{BD} = \frac{(N_{AD})^2 l}{2AE} = \frac{4 \times 10^6}{AE}\text{〔Nm〕}$$

部材 AC, BC の伸び：$\lambda_{AC} = \lambda_{BC} = \dfrac{N_{AC}l_{AC}}{AE}$〔m〕

部材 AC, BC のひずみエネルギー：

$$U_{AC} = U_{BC} = \frac{(N_{AC})^2 l_{AC}}{2AE} = \frac{3\sqrt{3} \times 10^6}{2AE}\text{〔Nm〕}$$

部材 CD の伸び：$\lambda_{CD} = \dfrac{N_{CD}l_{CD}}{AE}$〔m〕

部材 CD のひずみエネルギー：$U_{CD} = \dfrac{(N_{CD})^2 l_{CD}}{2AE} = \dfrac{2 \times 10^6}{AE}$〔Nm〕

全ひずみエネルギー：

$$U = 2U_{AD} + 2U_{AC} + U_{CD} = \frac{(10 + 3\sqrt{3}) \times 10^6}{AE} = \frac{2\,000 \times \delta}{2}\text{〔Nm〕}$$

点 C の変位：$\delta = \dfrac{(10 + 3\sqrt{3}) \times 10^3}{AE}$〔m〕

1 **図 A-9-1** より，モールの応力円：中心 (20，0)，半径 80 (単位 MPa)

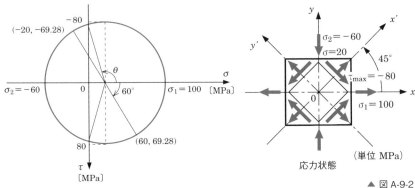

▲ 図 A-9-1

▲ 図 A-9-2

① 最大せん断応力：80〔MPa〕，方向：主応力が作用する方向から反時計回りに 45°（**図 A-9-2** 参照）

② モールの応力円より，

$$\cos 2\theta = \frac{-\dfrac{\sigma_1 + \sigma_2}{2}}{\dfrac{\sigma_1 - \sigma_2}{2}} = -\frac{\sigma_1 + \sigma_2}{\sigma_1 - \sigma_2} = -\frac{100 - 60}{100 + 60} = -\frac{1}{4}$$

面の方向：$\theta = \dfrac{1}{2}\cos^{-1}\left(\dfrac{-1}{4}\right) = \pm 52.24°$

せん断応力：$\tau = \dfrac{\sigma_1 - \sigma_2}{2}\sin 2\theta = \pm 77.46$〔MPa〕

（**図 A-9-3** 参照）

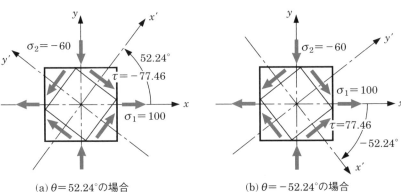

(a) $\theta = 52.24°$ の場合
（単位 MPa）

(b) $\theta = -52.24°$ の場合
（単位 MPa）

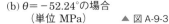

▲ 図 A-9-3

③ モールの応力円より，

垂直応力：

$$\sigma = \frac{\sigma_1 + \sigma_2}{2} + \frac{\sigma_1 - \sigma_2}{2}\cos(2 \times 30°)$$

$$= 20 + 80\cos 60° = 60\,(\mathrm{MPa})$$

せん断応力：

$$\tau = \frac{\sigma_1 - \sigma_2}{2}\sin(2 \times 30°)$$

$$= 80\sin 60° = 69.28\,(\mathrm{MPa})$$

（図 **A-9-4** 参照）

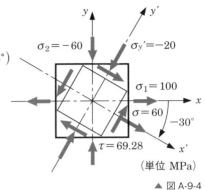

▲ 図 A-9-4

2 (1) (a) モールの応力円：図 **A-9-5(a)**

　　主応力：$\sigma_1 = 200\,(\mathrm{MPa})$, $\sigma_2 = -200\,(\mathrm{MPa})$

　　最大せん断応力：$\tau_1 = 200\,(\mathrm{MPa})$, $\tau_2 = -200\,(\mathrm{MPa})$

　　(b) モールの応力円：図 **A-9-5(b)**

　　主応力：$\sigma_1 = \sigma_2 = -200\,(\mathrm{MPa})$,

　　最大せん断応力：$\tau_1 = \tau_2 = 0\,(\mathrm{MPa})$

(2) (a) 図 **A-9-5(a)** 参照，

　　垂直応力：$\sigma_{x'} = 100\,(\mathrm{MPa})$, $\sigma_{y'} = -100\,(\mathrm{MPa})$

　　せん断応力：$\tau_{x'y'} = -100\sqrt{3}\,(\mathrm{MPa})$

　　(b) 図 **A-9-5(b)** 参照，

　　垂直応力：$\sigma_{x'} = \sigma_{y'} = -200\,(\mathrm{MPa})$

　　せん断応力：$\tau_{x'y'} = 0\,(\mathrm{MPa})$

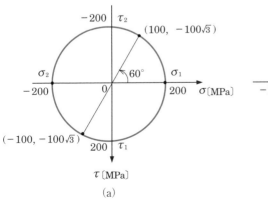

(a)

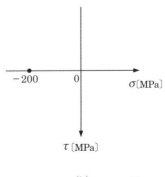

(b)　　▲ 図 A-9-5

3 モールの応力円：中心 $(-25, 0)$, 半径 $\dfrac{1}{2}\sqrt{(\sigma_x - \sigma_y)^2 + 4\tau_{xy}^2} = 90.1$

（単位 MPa）

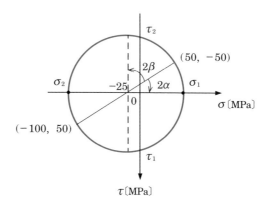

(1) 主応力：$\sigma_1 = \dfrac{1}{2}(\sigma_x + \sigma_y) + \dfrac{1}{2}\sqrt{(\sigma_x - \sigma_y)^2 + 4\tau_{xy}^2} = 65.1\,\text{(MPa)}$,

$\sigma_2 = \dfrac{1}{2}(\sigma_x + \sigma_y) - \dfrac{1}{2}\sqrt{(\sigma_x - \sigma_y)^2 + 4\tau_{xy}^2} = -115.1\,\text{(MPa)}$

$\tan 2\alpha = \dfrac{2\tau_{xy}}{\sigma_x - \sigma_y} = \dfrac{-2 \times 50}{50 + 100} = -\dfrac{2}{3},\quad \alpha = -16.85°$

(2) 最大せん断応力：$\left.\begin{array}{c}\tau_1\\\tau_2\end{array}\right\} = \pm\dfrac{1}{2}\sqrt{(\sigma_x - \sigma_y)^2 + 4\tau_{xy}^2} = \pm 90.1\,\text{(MPa)}$

$\tan 2\beta = -\dfrac{\sigma_x - \sigma_y}{2\tau_{xy}} = -\dfrac{50 + 100}{-2 \times 50} = \dfrac{3}{2},\quad \beta = 28.15°$

4 図 A-9-7 より

曲げモーメント：$M = (P_1 + P_2)l = (1\,000 + 500) \times (50 \times 10^{-3}) = 75\,(\mathrm{Nm})$

ねじりモーメント：$T = (P_1 - P_2)\dfrac{D}{2} = (1\,000 - 500) \times \dfrac{(200 \times 10^{-3})}{2} = 50\,(\mathrm{Nm})$

相当曲げモーメント：

$$M_e = \frac{1}{2}\left(M + \sqrt{M^2 + T^2}\right) = \frac{1}{2}\left(75 + \sqrt{75^2 + 50^2}\right) = 82.57\,(\mathrm{Nm})$$

相当ねじりモーメント：$T_e = \sqrt{M^2 + T^2} = \sqrt{75^2 + 50^2} = 90.14\,(\mathrm{Nm})$

式 (9.26) より，最大主応力：$\sigma_1 = \dfrac{M_e}{Z} = \dfrac{M_e}{\dfrac{\pi}{32}d^3}$,

直径 d について解くと

$$d \geqq \sqrt[3]{\frac{32M_e}{\pi\sigma_a}} = \sqrt[3]{\frac{32 \times 82.57}{\pi \times 50 \times 10^6}} = 2.56 \times 10^{-2}\,(\mathrm{m}) = 25.6\,(\mathrm{mm})$$

式 (9.27) より，最大せん断応力・$\iota_{\max} = \dfrac{T_e}{Z_p} = \dfrac{T_e}{\dfrac{\pi}{16}d^3}$,

直径 d について解くと

$$d \geqq \sqrt[3]{\frac{16T_e}{\pi\tau_a}} = \sqrt[3]{\frac{16 \times 90.14}{\pi \times 35 \times 10^6}} = 2.36 \times 10^{-2}\,(\mathrm{m}) = 23.6\,(\mathrm{mm})$$

したがって，安全側にとると，25.6〔mm〕

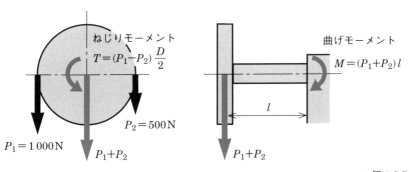

▲ 図 A-9-7

■本書で使用した主な記号

A	断面積
C	拘束係数
D	直径
E	縦弾性係数（ヤング率）
F	力，せん断力
G	せん断弾性係数（横弾性係数）
H	動力
I	断面二次モーメント
I_p	断面二次極モーメント
L	長さ
M	モーメント, 曲げモーメント, 質量
N	力（内力，軸力）
P	力（外力），荷重
R	反力
T	ねじりモーメント（トルク）
T_m	融点の絶対温度
U	ひずみエネルギー
W	重量
Z	断面係数
Z_p	極断面係数

a	長さ
b	長さ
d	直径
f	安全率
g	重力加速度
h	高さ
i	たわみ角
i_{max}	はりの最大たわみ角
k	断面二次半径
l	長さ
p	内圧
r	半径，長さ
t	板厚
w	重量，単位長さあたりの荷重
x	直角座標
y	直角座標

α	応力集中係数，線膨張係数
γ	せん断ひずみ
δ	変形量（たわみ）
δ_{max}	はりの最大たわみ
ε	縦ひずみ（垂直ひずみ）
θ	角度，ねじれ角
λ	変形量(伸び，縮み)，細長比
ν	ポアソン比
ρ	曲率半径

σ	垂直応力，曲げ応力， 衝撃引張り応力
σ_a	許容応力
σ_{cr}	座屈応力
σ_{max}	最大応力
σ_s	基準応力
τ	せん断応力，ねじり応力
ϕ	せん断角
ω	角速度

■ギリシャ文字

大文字	小文字	読み方
A	α	アルファ
B	β	ベータ
Γ	γ	ガンマ
Δ	δ	デルタ
E	ε	イプシロン
Z	ζ	ジータ
H	η	イータ
Θ	θ	シータ

大文字	小文字	読み方
I	ι	イオタ
K	κ	カッパ
Λ	λ	ラムダ
M	μ	ミュー
N	ν	ニュー
Ξ	ξ	クサイ
O	o	オミクロン
Π	π	パイ

大文字	小文字	読み方
P	ρ	ロー
Σ	σ	シグマ
T	τ	タウ
Y	υ	ユプシロン
Φ	ϕ	ファイ
X	χ	カイ
Ψ	ψ	プサイ
Ω	ω	オメガ

■材料力学に関する重要公式

垂直応力	垂直応力 = $\dfrac{軸力}{断面積}$　　$\sigma = \dfrac{N}{A}$
せん断応力	せん断応力 = $\dfrac{せん断力}{断面積}$　　$\tau = \dfrac{F}{A}$
縦ひずみ （垂直ひずみ）	縦ひずみ = $\dfrac{伸び（縮み）}{もとの長さ}$　　$\varepsilon = \dfrac{l'-l}{l} = \dfrac{\lambda}{l}$
横ひずみ	横ひずみ = $\dfrac{直径の変化量}{変形前の直径}$　　$\varepsilon' = \dfrac{d'-d}{d} = \dfrac{\delta}{d}$
せん断ひずみ	せん断ひずみ = $\dfrac{ずれ}{高さ}$　　$\gamma = \dfrac{\lambda_s}{l}$
フックの法則	$\sigma = E\varepsilon$　　$\tau = G\gamma$
許容応力	許容応力 = $\dfrac{基準応力}{安全率}$　　$\sigma_a = \dfrac{\sigma_s}{f}$
曲げ応力	曲げ応力 = $\dfrac{曲げモーメント \times 中立面からの距離}{断面二次モーメント}$　　$\sigma = \dfrac{M}{I}y$
ねじり応力	ねじり応力 = $\dfrac{ねじりモーメント \times 中心からの距離}{断面二次極モーメント}$　　$\tau = \dfrac{T}{I_p}r$
オイラーの式	$\sigma_{cr} = C\dfrac{\pi^2 EI}{l^2 A} = C\dfrac{\pi^2 E}{\left(\dfrac{l}{k}\right)^2} = C\dfrac{\pi^2 E}{\lambda^2} = \dfrac{\pi^2 E}{\lambda_r^2}$
ランキンの式	$\sigma_{cr} = \dfrac{a}{1 + b\lambda_r^2}$
テトマイヤー の式	$\sigma_{cr} = a\left(1 - b\lambda_r + c\lambda_r^2\right)$
ジョンソン の式	$\sigma_{cr} = \sigma_Y\left\{1 - \dfrac{\sigma_Y \lambda_r^2}{4\pi^2 E}\right\}$
断面二次 モーメント	$I = \displaystyle\int_A y^2\, dA$
断面二次極 モーメント	$I_p = \displaystyle\int_A r^2\, dA$
動力	動力 = トルク × 角速度　　$H = T\omega$

■補助単位

	接頭語	記号
10^{18}	エクサ	E
10^{15}	ペタ	P
10^{12}	テラ	T
10^{9}	ギガ	G
10^{6}	メガ	M
10^{3}	キロ	k
10^{2}	ヘクト	h
10^{1}	デカ	da

	接頭語	記号
10^{-1}	デ シ	d
10^{-2}	センチ	c
10^{-3}	ミ リ	m
10^{-6}	マイクロ	μ
10^{-9}	ナ ノ	n
10^{-12}	ピ コ	p
10^{-15}	フェムト	f
10^{-18}	ア ト	a

■ SI 単位とその他の単位

	SI 単位	その他の単位	
角度	rad（ラジアン）	°（度）	
	1	57.296	
	0.0174533	1	
長さ	m（メートル）	in（インチ）	ft（フィート）
	1	39.370	3.2808
	0.0254	1	0.083333
	0.3048	12	1
力	N（ニュートン）	kgf（重量キログラム）	lbf ft（重量ポンド）
	1	0.10197	0.22481
	9.80665	1	2.20462
	4.44822	0.45359	1
応力 圧力	Pa（パスカル）	kgf/cm²（重量キログラム毎平方センチメートル）	kgf/mm²（重量キログラム毎平方ミリメートル）
	1	1.0197×10^{-5}	1.0197×10^{-7}
	9.80665×10^{4}	1	0.01
	9.80665×10^{6}	100	1
トルク	N m（ニュートンメートル）	kgf m（重量キログラムメートル）	lbf ft（重量ポンドフィート）
	1	0.10972	0.737561
	9.80665	1	7.233003
	1.35582	0.138255	1
エネルギ 仕事	J（ジュール）	Wh（ワット時）	cal（カロリー）
	1	0.00027778	0.2388886
	3600	1	859.8452
	4.18605	0.001163	1
動力 仕事率	W（ワット）	kgf m/s（重量キログラムメートル毎秒）	PS（仏馬力）
	1	0.10197162	0.00135962
	9.80665	1	0.01333333
	735.49875	75	1

あとがき

　この改訂版を最後まで読んでいただき，有難うございました．

　初版を 2002 年に発行して 17 年経ち，改訂版のお話をいただきました．改訂にあたり新しく発展的な練習問題を加えました．これらの中には本文中で直接解説していないことも含まれています．これらの演習問題を通して，学習した内容の理解をさらに深めてください．

　また，この 17 年の間に読者の方から誤植の指摘をいただきました．これらを訂正しながら本書も進化することができました．重ねてお礼申し上げます．

　本書を読了後に学習を進めるには 2 つの方向が考えられます．1 つは材料力学のより難しい内容を解説したテキストに従って学習を深めるものです．もう 1 つはコンピュータを利用した解析へとアプローチを変えるものです．こちらの方向は「弾性力学」を基礎としているので，解説がより数学的になります．どちらの方向に学習を進めるにしても，設計に携わるエンジニアは（コンピュータで）計算しなくても定性的に状況を把握しなければなりません．例えば，「どのあたりが設計のポイントか」とか「強度不足の場合に，どのように設計変更すべきか」のようなセンスが求められます．材料力学の基礎を学習しておけば，このようなセンスを磨くことができるでしょう．

　この「あとがき」が読者皆様の次のステップへの「まえがき」になれば幸いです．

2019 年 12 月

著者

索引

269

■著者略歴

有光　隆（ありみつ　ゆたか）

1980　徳島大学大学院工学研究科修士課程精密機械工学専攻修了
1980　京都セラミック（現京セラ）株式会社入社
1982　高知工業高等専門学校
1990　工学博士（大阪大学）
1991　愛媛大学工学部
2021　定年退職

カバーデザイン●嶋健夫（トップスタジオデザイン室）
カバーイラスト●五十嵐仁之

【改訂新版】
これならわかる〔図解でやさしい〕

入門 材料力学

2002 年　5 月 25 日　初　版　第 1 刷発行
2020 年　2 月 19 日　第 2 版　第 1 刷発行
2023 年　4 月 29 日　第 2 版　第 4 刷発行

著　者　　有光　隆
発行者　　片岡　巌
発行所　　株式会社技術評論社
　　　　　東京都新宿区市谷左内町 21-13
　　　　　電話　03-3513-6150　販売促進部
　　　　　　　　 03-3267-2270　書籍編集部
印刷／製本　昭和情報プロセス株式会社

定価はカバーに表示してあります。

ISBN978-4-297-11063-5　C3053
Printed in Japan

■お願い
　本書に関するご質問については、本書に
記載されている内容に関するもののみとさせ
ていただきます。本書の内容と関係のないご
質問につきましては、一切お答えできません
ので、あらかじめご了承ください。また、電話
でのご質問は受け付けておりませんので、
FAX か書面にて下記までお送りください。
　なお、ご質問の際には、書名と該当ページ、
返信先を明記してくださいますよう、お願い
いたします。

宛先：〒 162-0846
東京都新宿区市谷左内町 21-13
株式会社技術評論社
書籍編集部
「改訂新版 図解でやさしい 入門材料力学」係
FAX：03-3267-2271

　ご質問の際に記載いただいた個人情報
は、質問の返答以外の目的には使用いたし
ません。また、質問の返答後は速やかに削
除させていただきます。